宠物服装

CHONGWU FUZHUANG

BANYANG ZHITU 140LI

板样制图140例

智海鑫◉组织编写

化学工业出版社

·北京·

图书在版编目（CIP）数据

宠物服装板样制图140例/智海鑫组织编写．—北京：化学工业出版社，2017.3（2025.3重印）

ISBN 978-7-122-29052-6

Ⅰ.①宠…　Ⅱ.①智…　Ⅲ.①宠物-服装样板-制图　Ⅳ.①TS941.739

中国版本图书馆CIP数据核字（2017）第026991号

责任编辑：张　彦　　装帧设计：刘丽华

责任校对：边　涛

出版发行：化学工业出版社（北京市东城区青年湖南街13号　邮政编码100011）

印　　装：涿州市般润文化传播有限公司

787mm×1092mm　1/16　印张10¼　字数248千字　2025年3月北京第1版第8次印刷

购书咨询：010-64518888　　售后服务：010-64518899

网　　址：http://www.cip.com.cn

凡购买本书，如有缺损质量问题，本社销售中心负责调换。

定　　价：39.00元

前言

日常生活中，只要一谈到宠物，人们自然而然首先会联想到狗、猫、鱼、鸟、龟等小动物。宠物的存在主要是为了满足人们对饲养宠物的需求。其实，宠物的含意非常广泛。从广广义来说，宠物包括植物宠物，也包括动物宠物。从狭义来说，宠物仅仅指人们饲养的动物宠物。动物宠物的种类也非常多，除了我们日常所熟知的狗、猫、鸟、鱼、龟，还包括变色龙、蜥蜴、仓鼠、蛇等。

在宠物行业日益繁荣的同时，饲养宠物的家庭也越来越多。据美国宠物食品协会的最新调查表明，在美国，大约55%的家庭拥有至少一只狗或猫，大约38%的家庭拥有至少一只或更多的狗，大约33%的家庭拥有至少一只猫。在美国，狗的数量大约是5500万，猫的数量大约是6600只。而在我国的200多个城市中，大约有6000万只宠物。

人们在追求生活品质的同时，也希望把自己心爱的宠物打扮得漂漂亮亮的，宠物服饰也就因此诞生。宠物服饰的出现，是人们对待宠物更趋于人性化的一种标志，这也意味着饲养宠物的人，从心理上真正完全接纳了宠物，并把宠物当作自己家庭成员中的一员。宠物服的出现，不仅仅是为了美化装扮宠物，还能够让宠物保持干净，在寒冷的天气里更具有保暖作用。尤其在严寒的冬季，宠物店中的各种防寒衣物基本上都成了抢手货。斑马服、格格装、公主裙、针织衫、羽绒马甲、围巾、帽子……着装时尚的猫猫狗狗们在主人们的装扮下出尽了风头。

本书中的宠物服饰，主要是指为狗、猫等犬科或猫科动物设计的服饰，包括各种宠物背心、衬衫、裙子、裤装、外套、T恤、连体裤、棉服、羽绒服、节假日服饰等，共140款。在本书各项数据中，均使用“厘米”为单位。

本书在编写和制图过程中，得到了谭钫琪、张素筠等同志的大力支持，在此表示深深的感谢。由于时间仓促，难免有不足之处，万望广大读者谅解和指正！

编　者

2017年2月

目录

第一章 POLO衫、T恤、背心、衬衫、马甲

1. POLO衫
2. T恤A款
3. T恤B款
4. T恤C款
5. T恤D款
6. 可爱T恤E款
7. 灯笼袖T恤
8. 背心A款
9. 背心B款
10. 背心C款
11. 背心D款
12. 牵引背心E款
13. 马甲A款
14. 马甲B款
15. 马甲C款
16. 马甲D款
17. 绣花马甲
18. 羽绒马甲
19. 长袖格纹衬衫
20. 蝴蝶结衬衫
21. 衬衫
22. 卡通图案短袖

1. POLO 衫

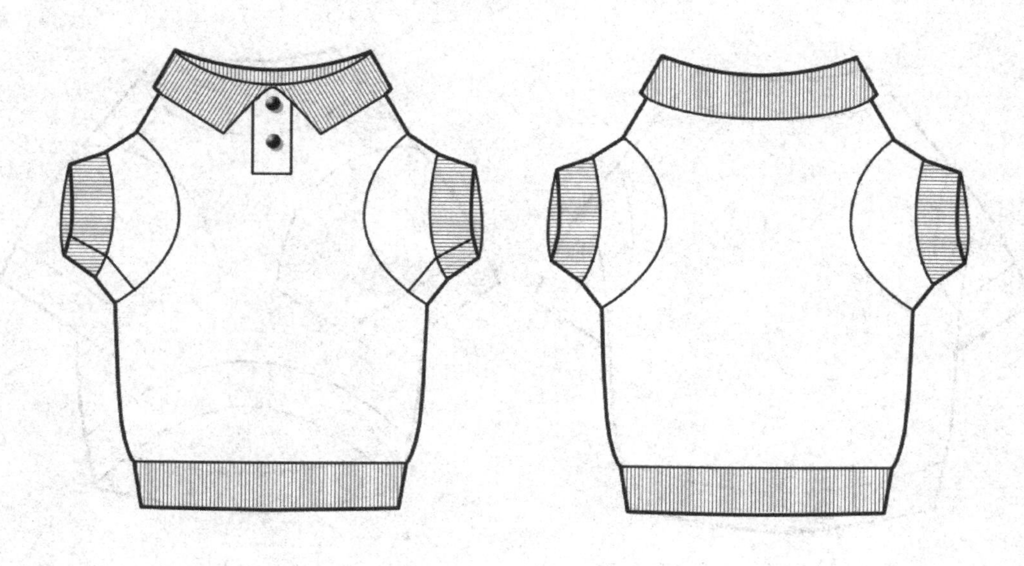

部位	身长	胸围	领围
尺寸	27	45	32

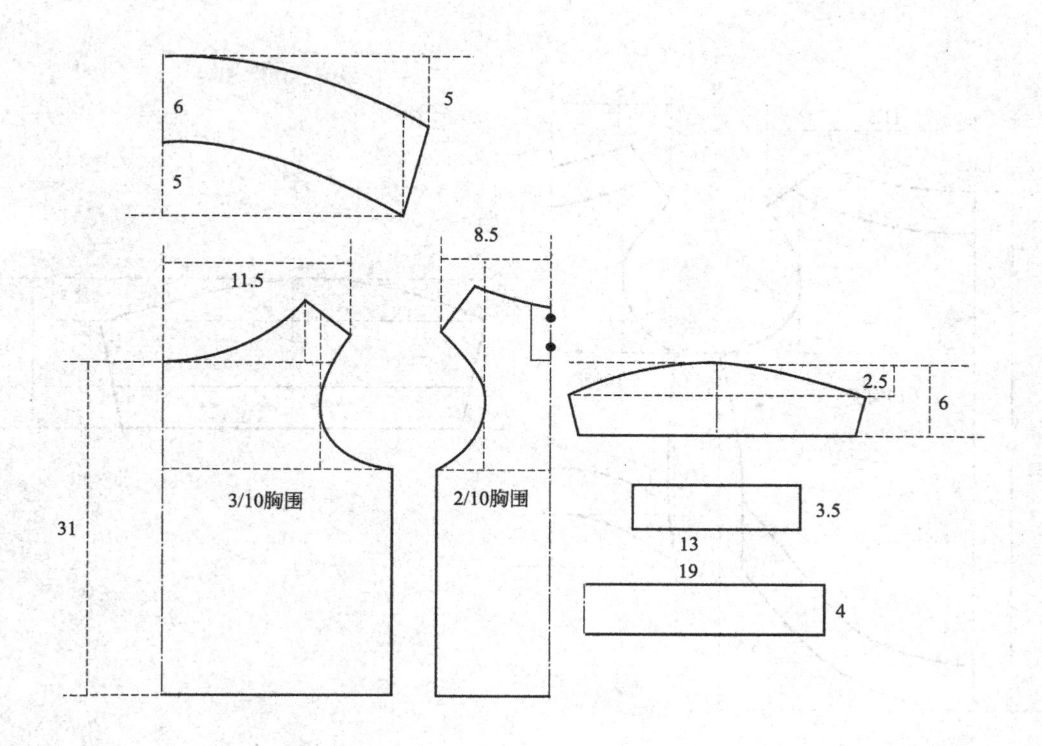

2. T恤A款

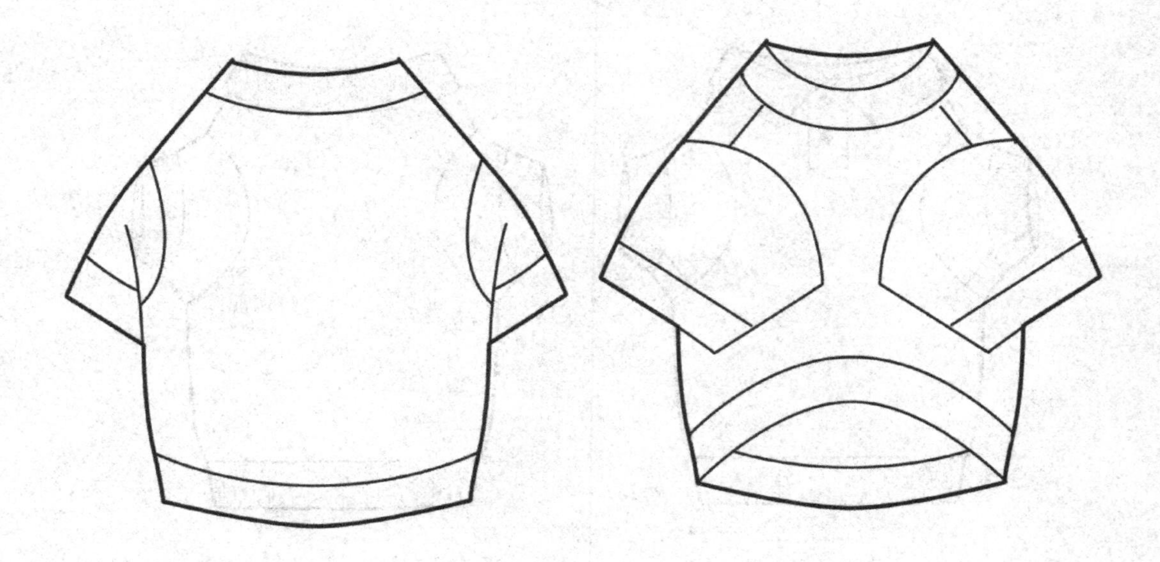

部位	身长	胸围	领围
尺寸	31	45	32

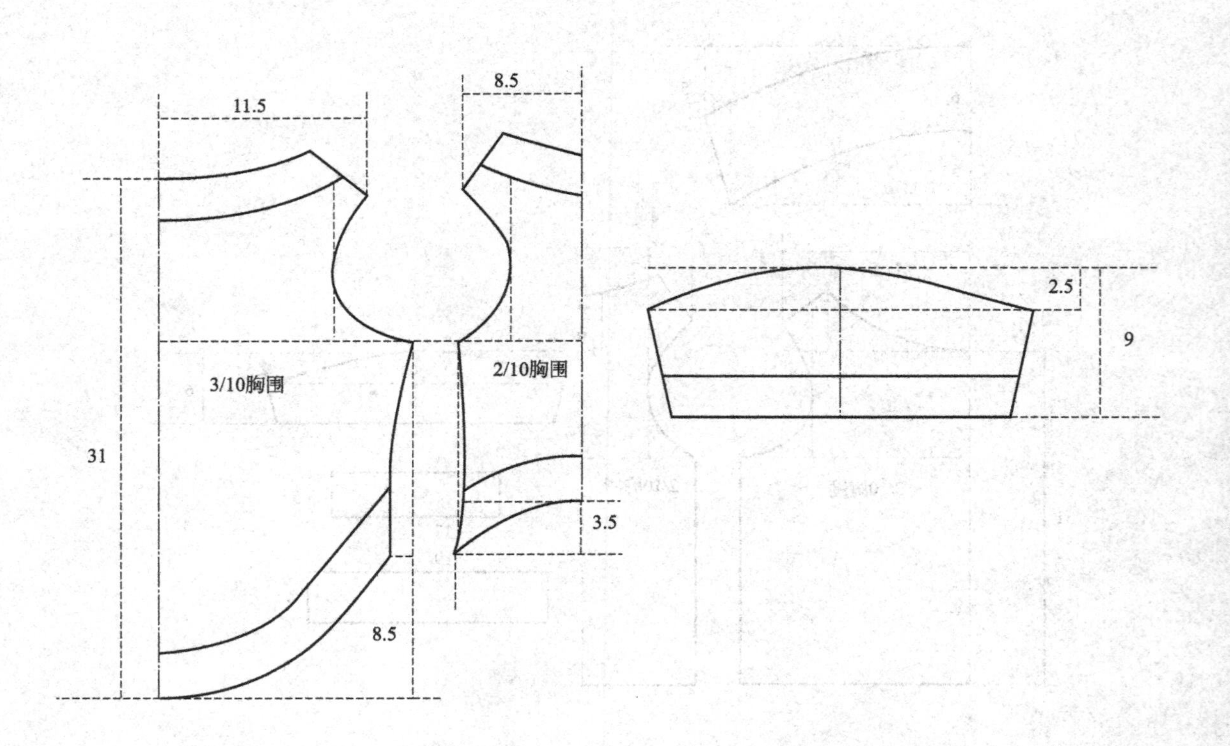

3. T恤B款

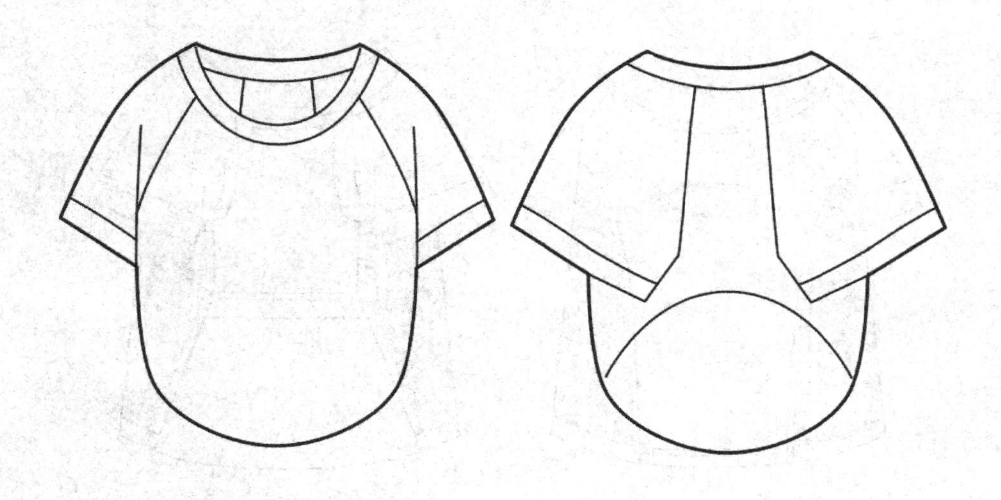

部位	身长	胸围	领围
尺寸	31	45	32

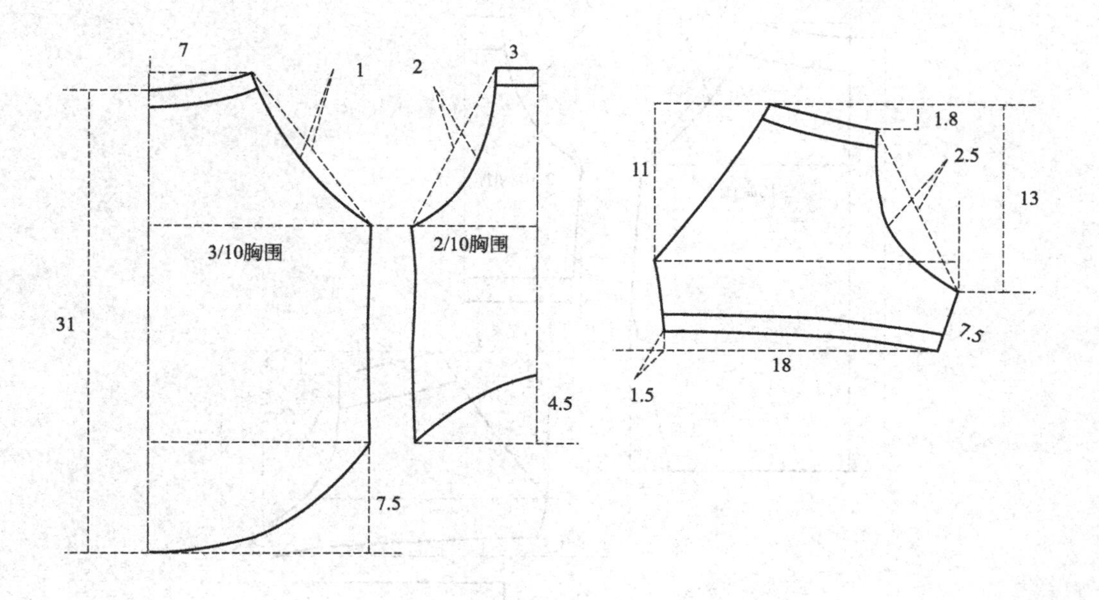

4. T恤C款

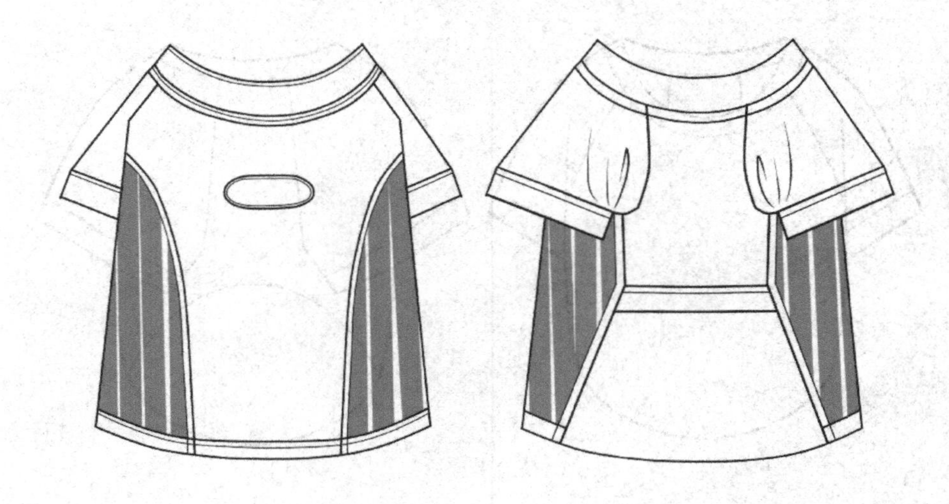

部位	身长	胸围	领围
尺寸	31	45	32

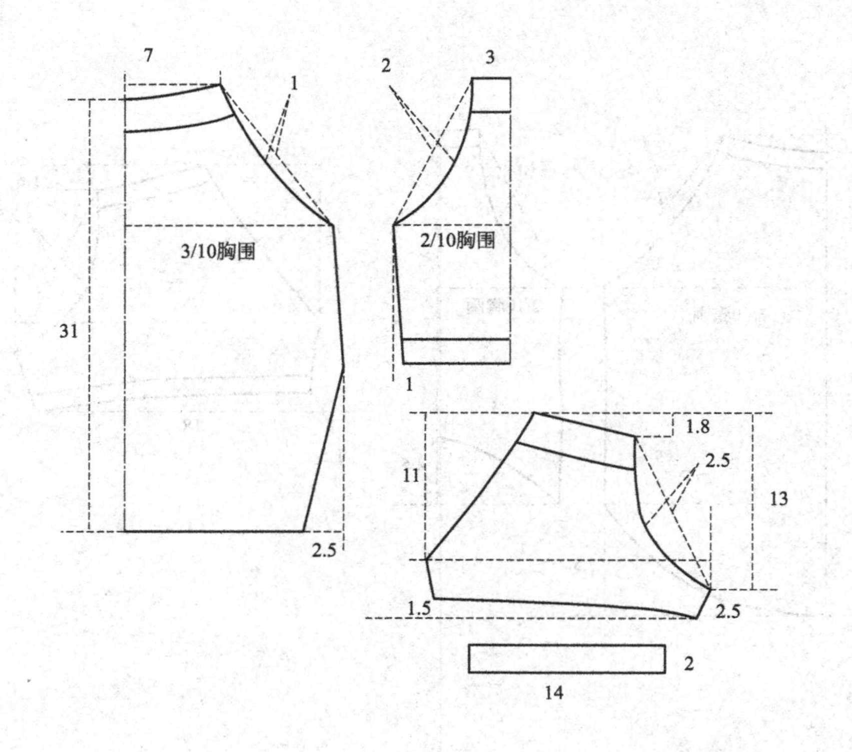

5. T恤D款

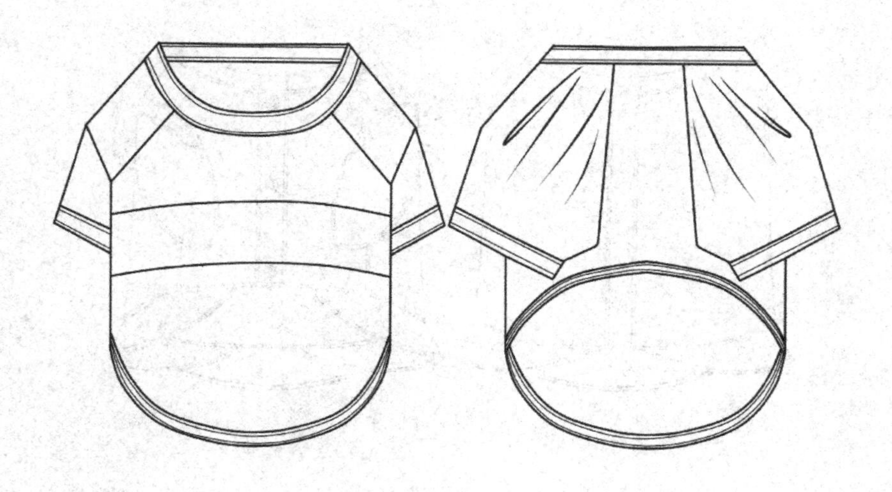

部位	身长	胸围	领围
尺寸	26	45	32

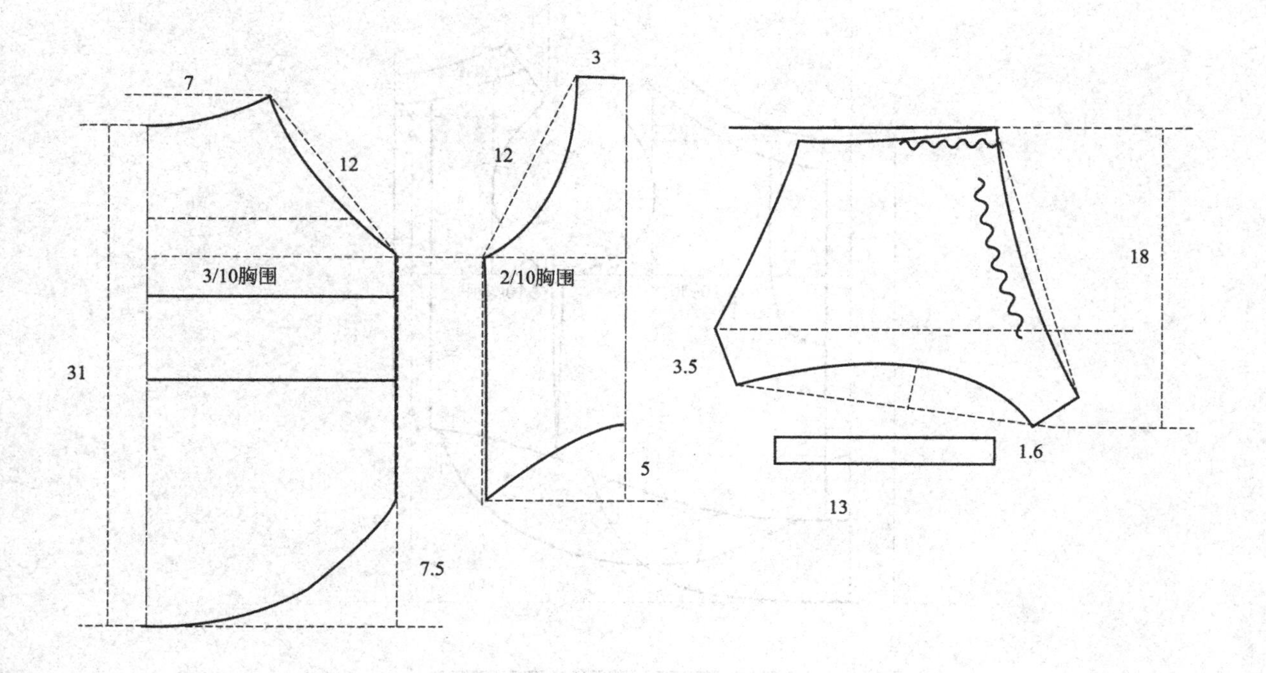

6. 可爱 T 恤 E 款

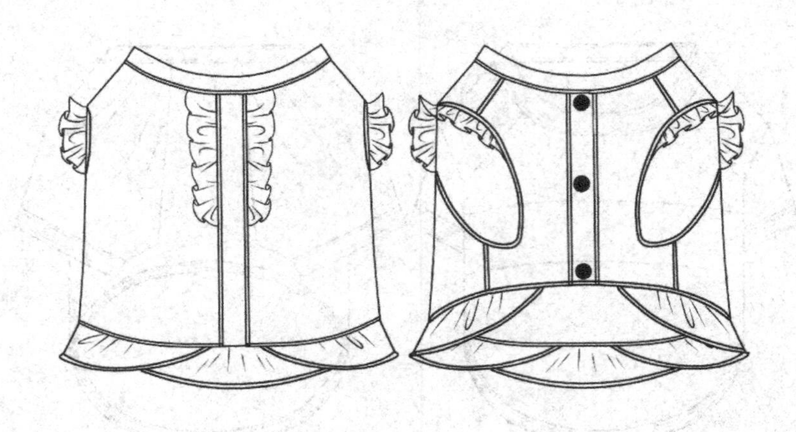

部位	身长	胸围	领围
尺寸	31	45	32

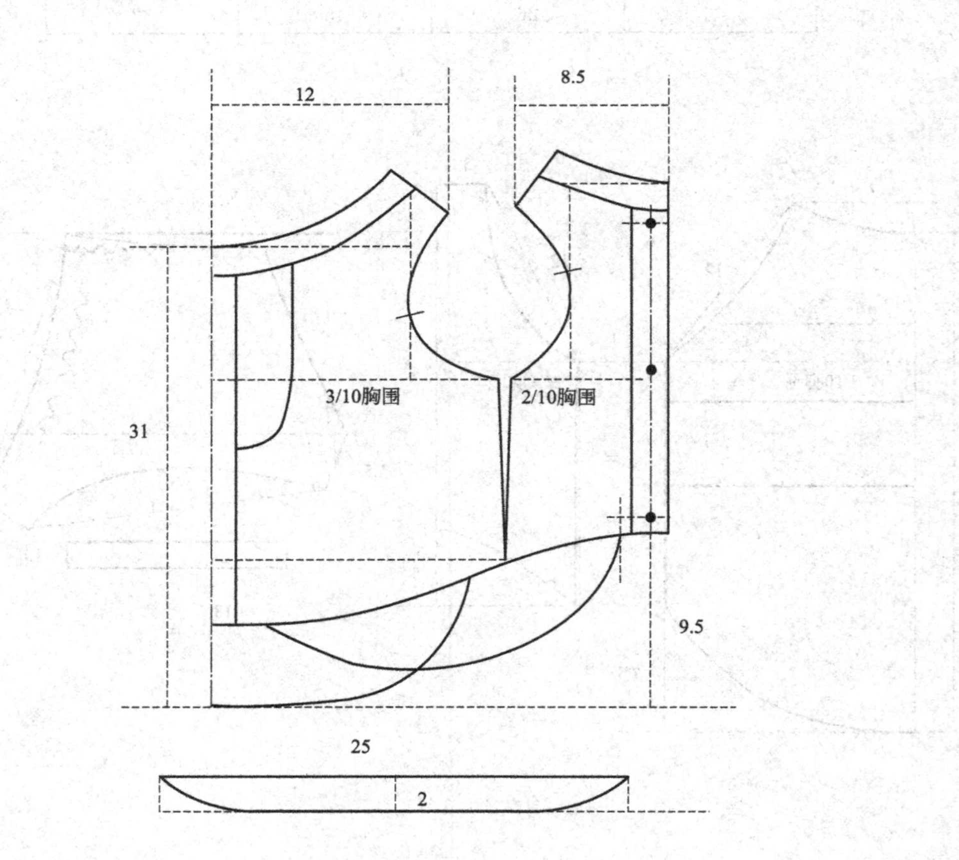

7. 灯笼袖 T 恤

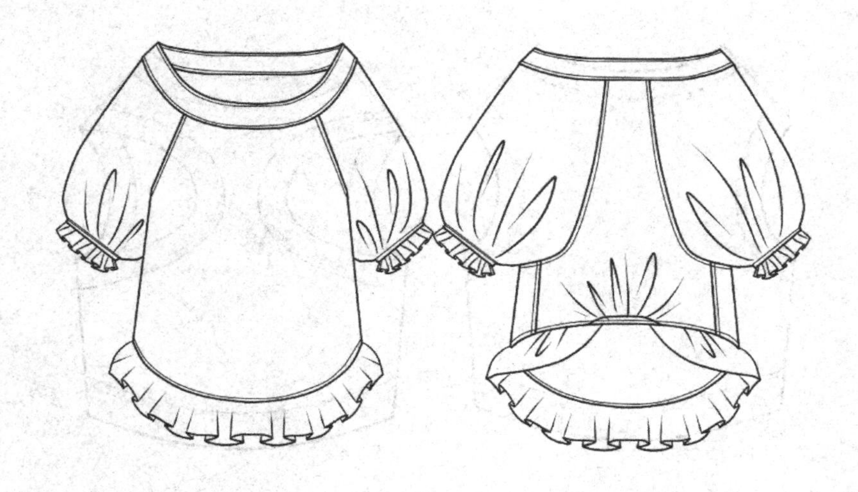

部位	身长	胸围	领围
尺寸	31	45	32

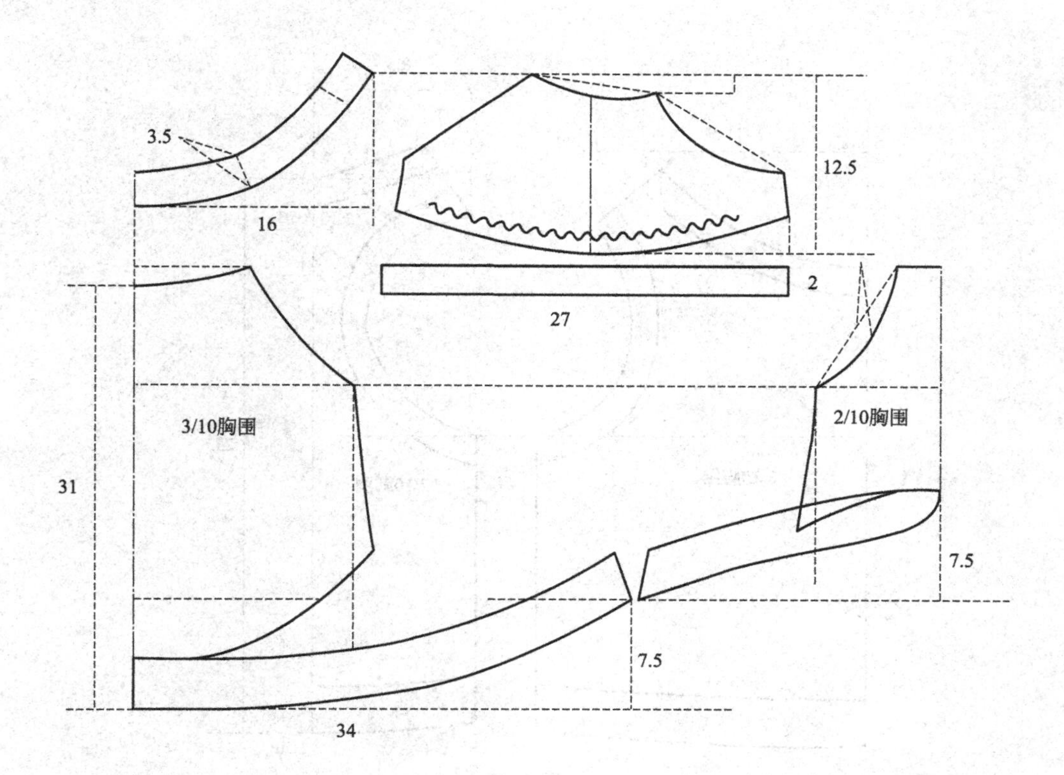

8. 背心 A 款

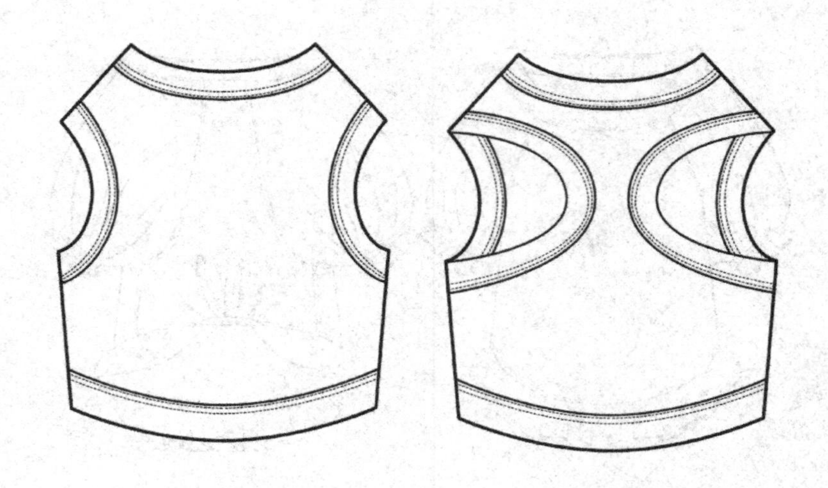

部位	身长	胸围	领围
尺寸	23	42	32

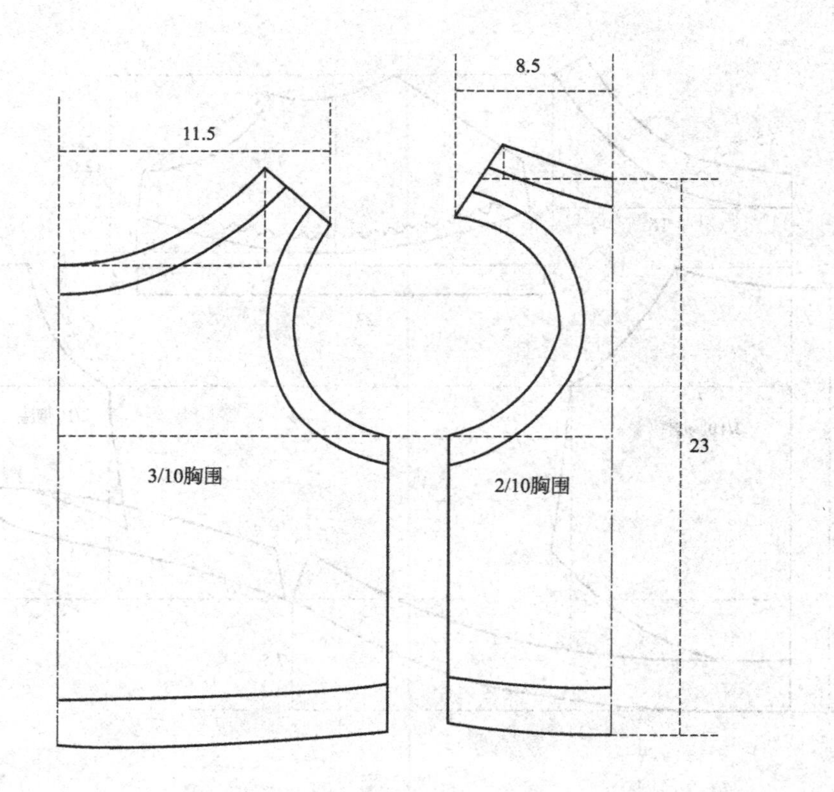

9. 背心 B 款

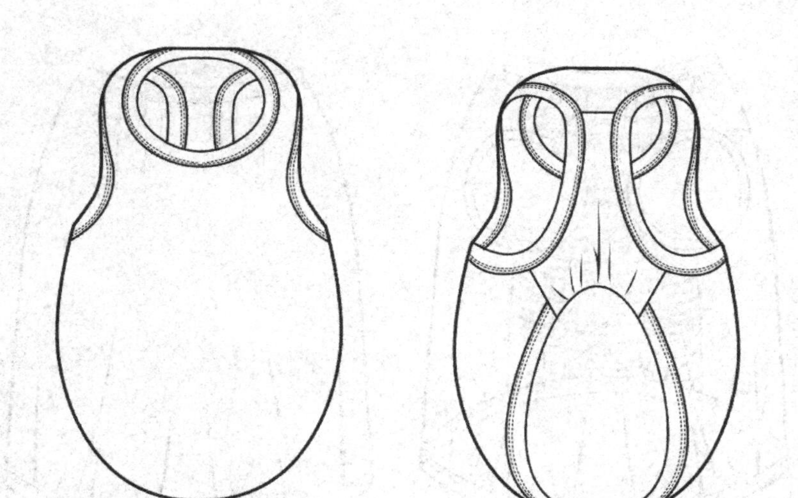

部位	身长	胸围	领围
尺寸	23	42	32

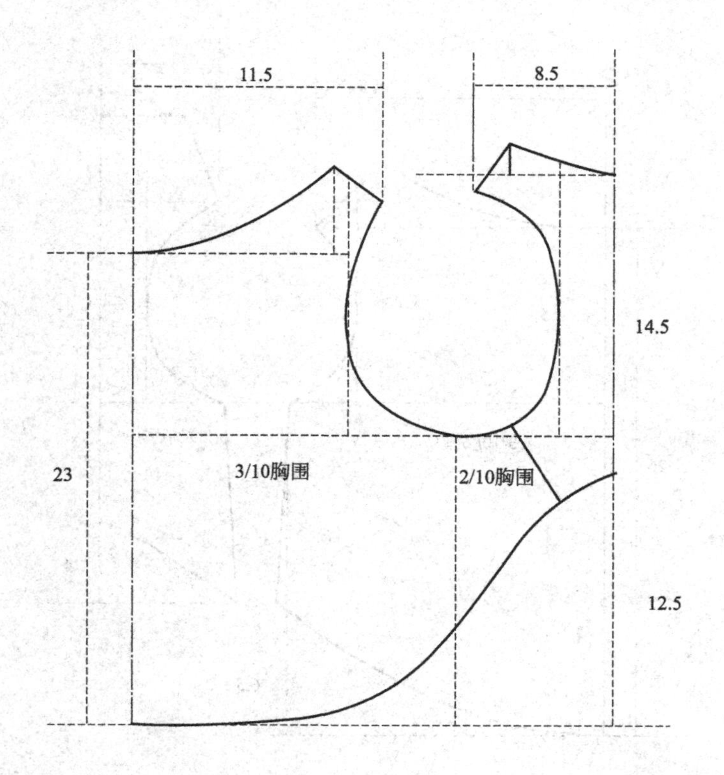

10. 背心 C 款

部位	身长	胸围	领围
尺寸	26	45	32

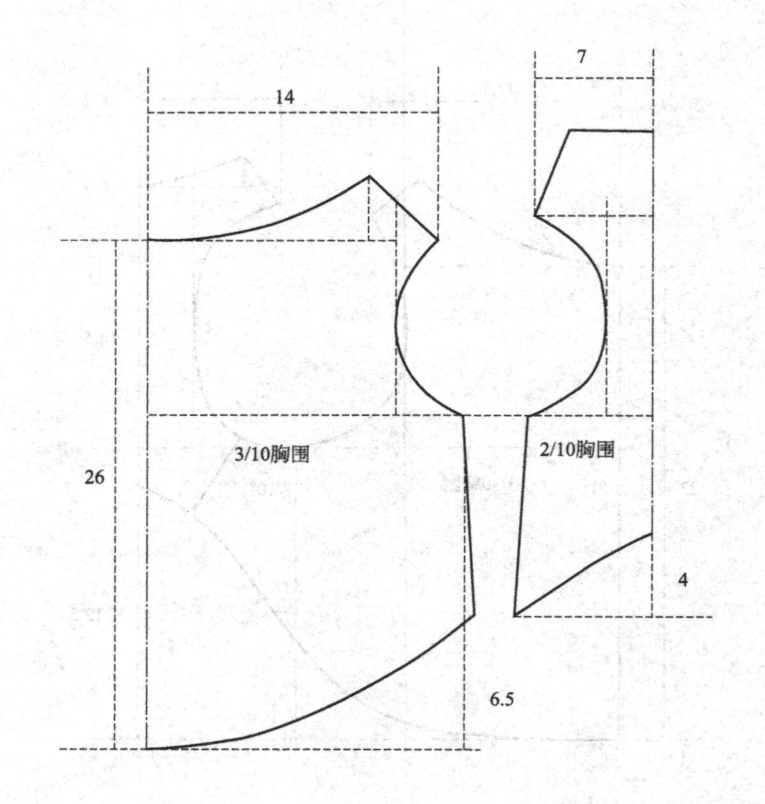

11. 背心 D 款

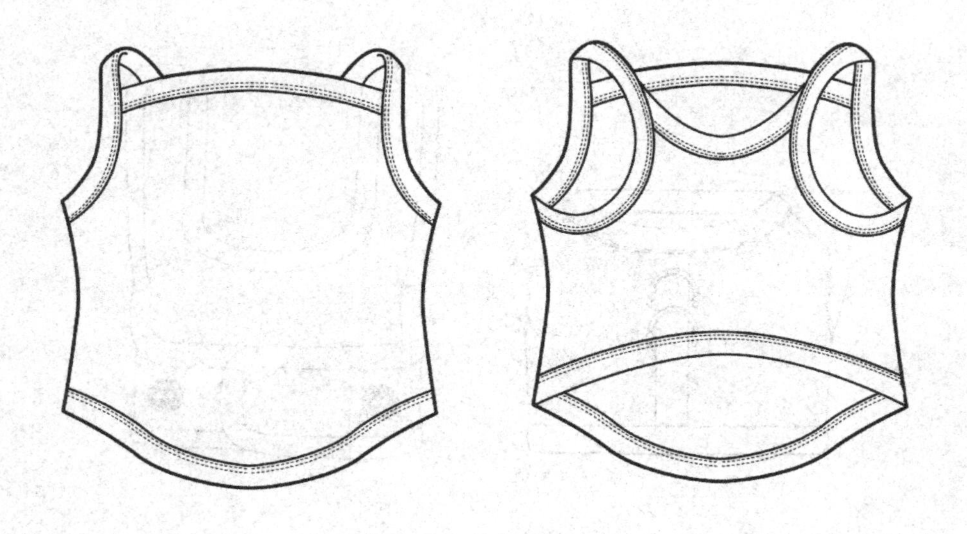

部位	身长	胸围	领围
尺寸	26	42	32

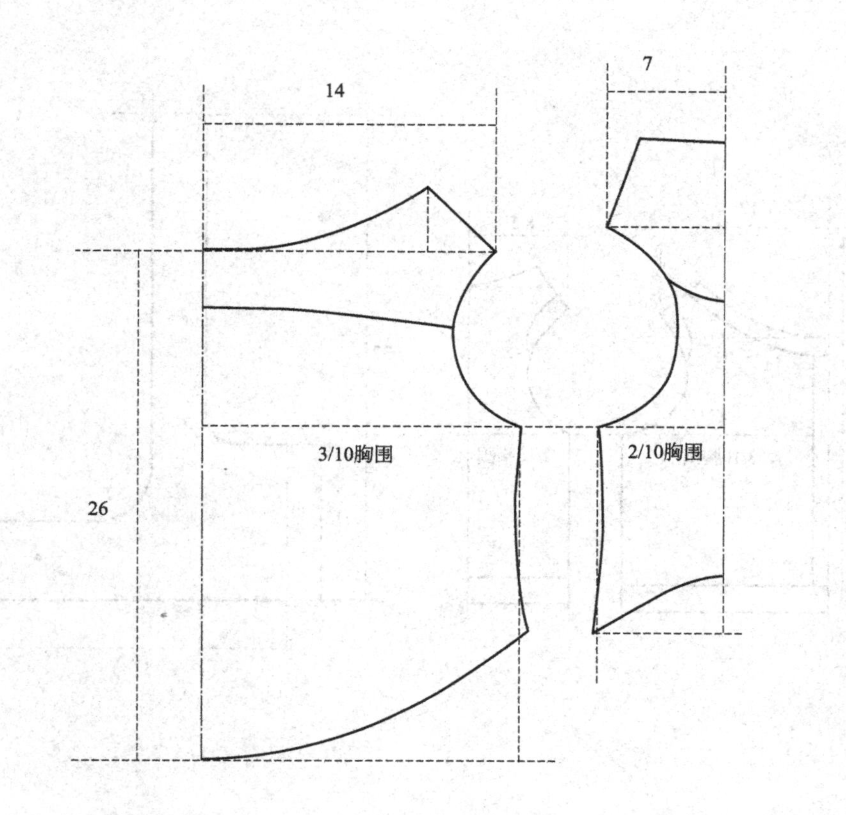

12. 牵引背心 E 款

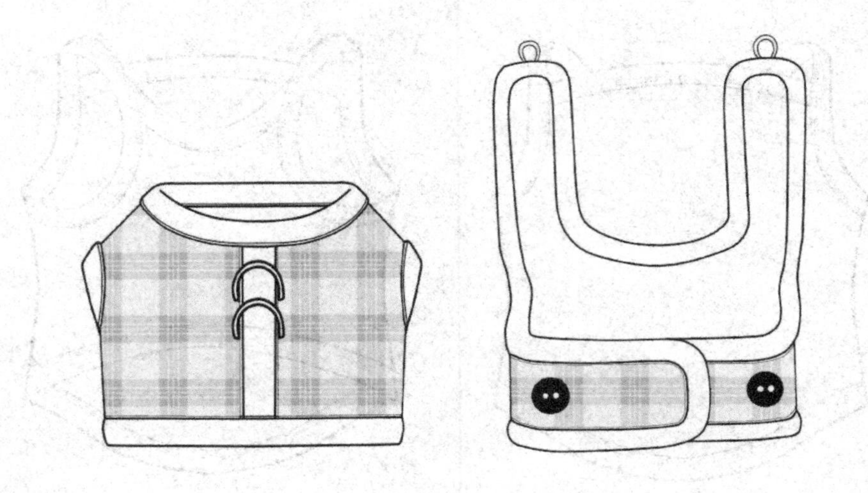

部位	身长	胸围	领围
尺寸	22	42	32

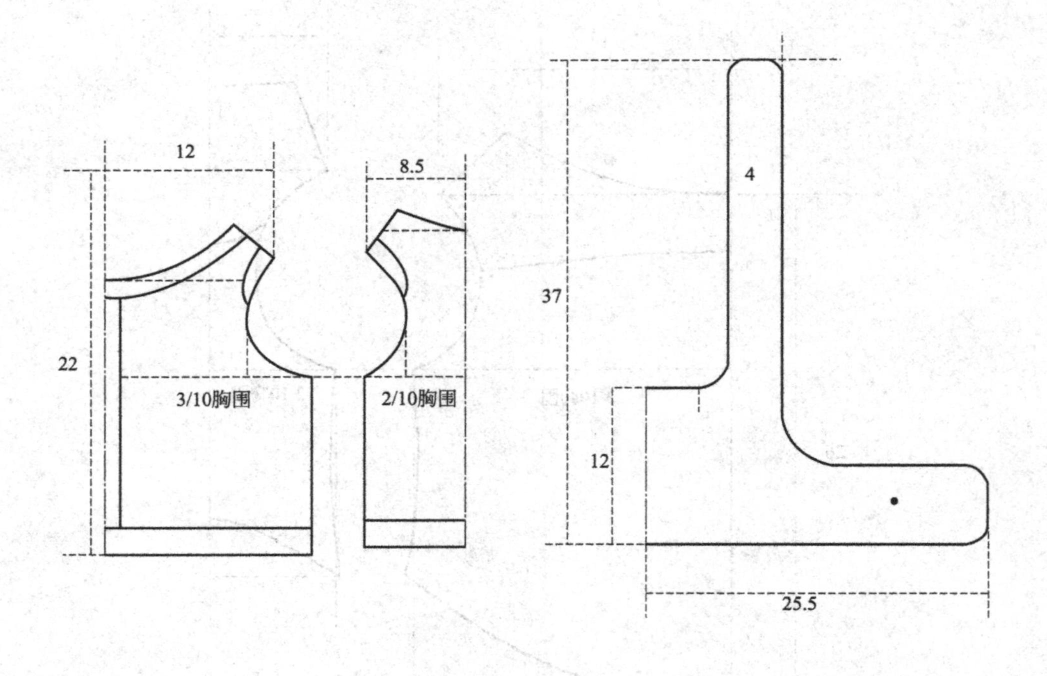

13. 马甲 A 款

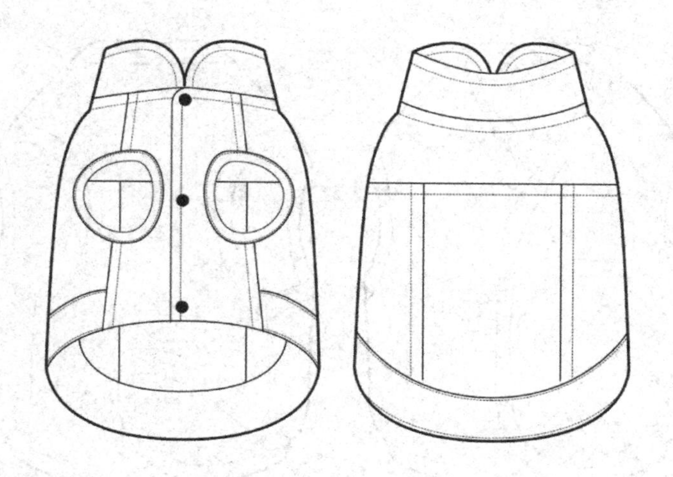

部位	身长	胸围	领围
尺寸	27	45	32

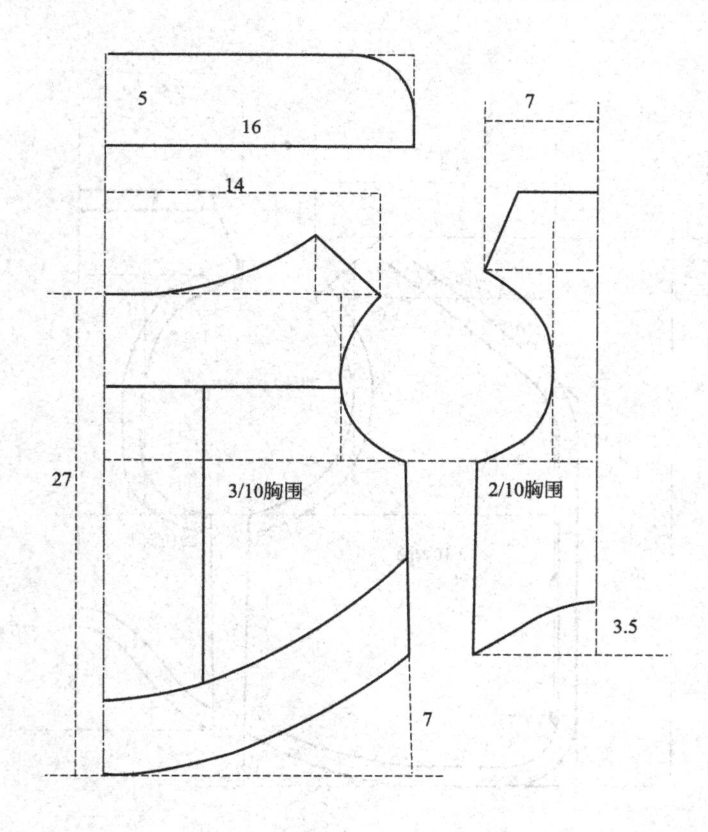

14. 马甲 B 款

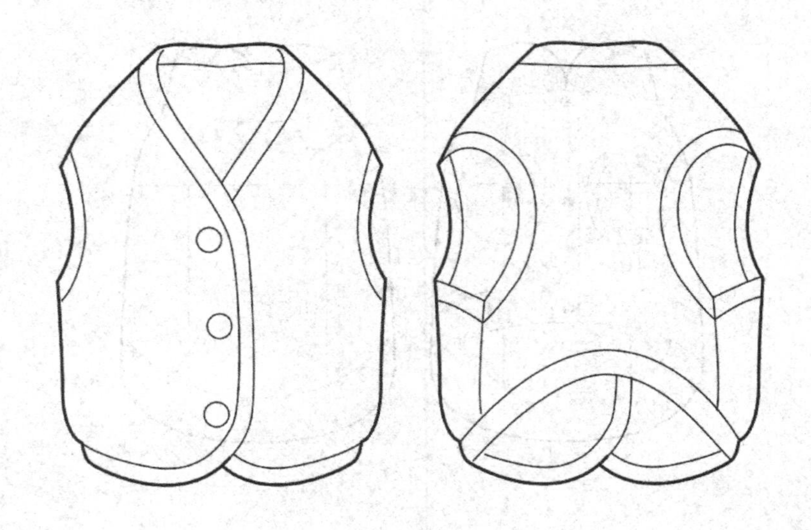

部位	身长	胸围	领围
尺寸	26	42	32

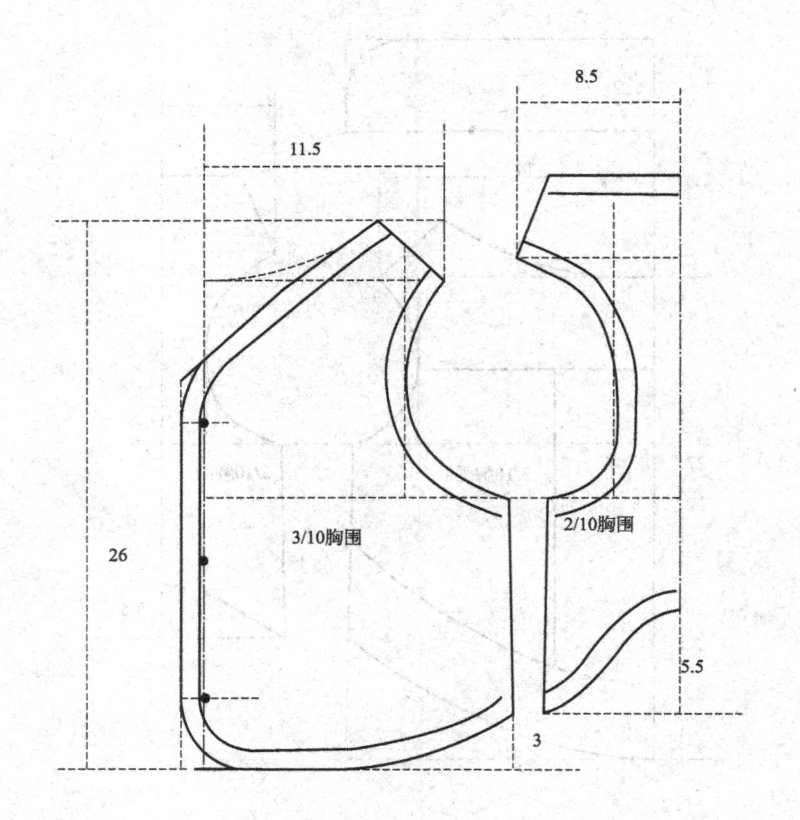

15. 马甲 C 款

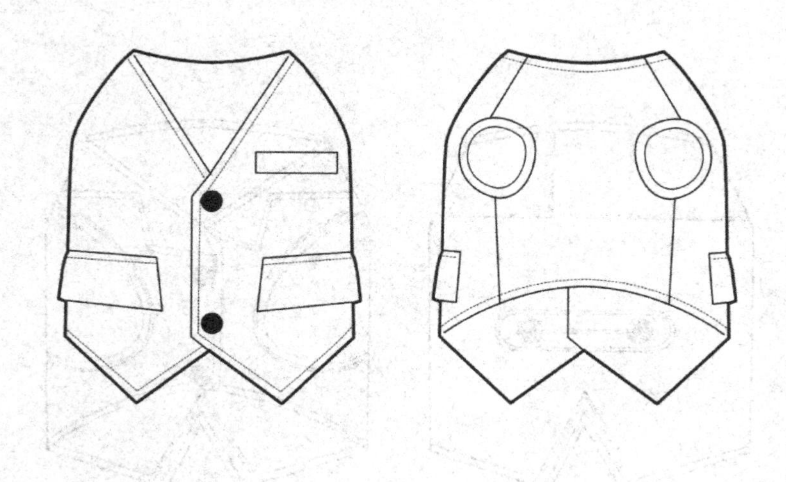

部位	身长	胸围	领围
尺寸	26	42	32

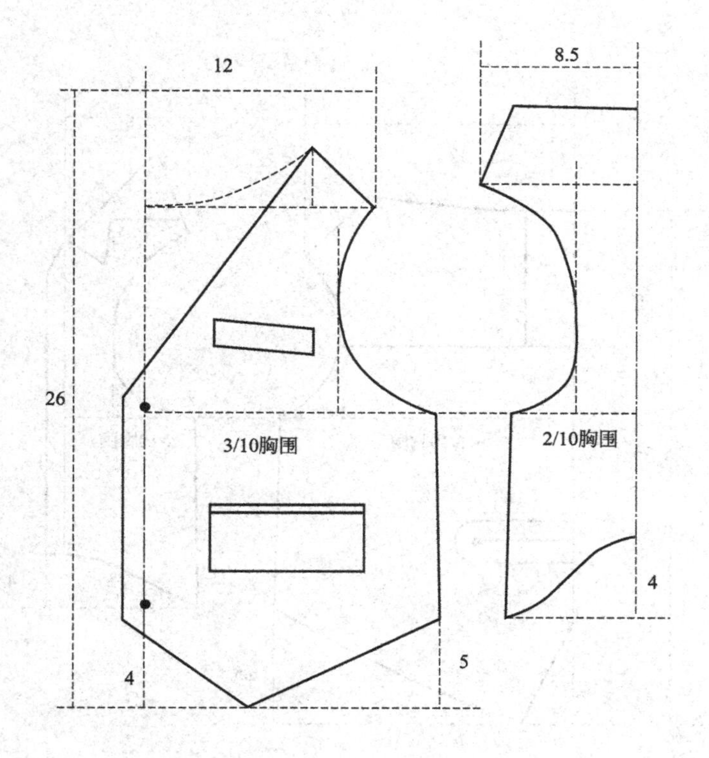

16. 马甲 D 款

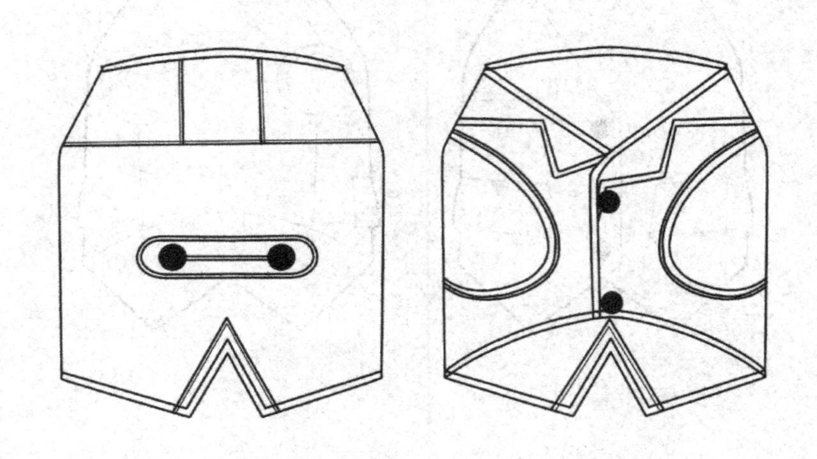

部位	身长	胸围	领围
尺寸	26	45	32

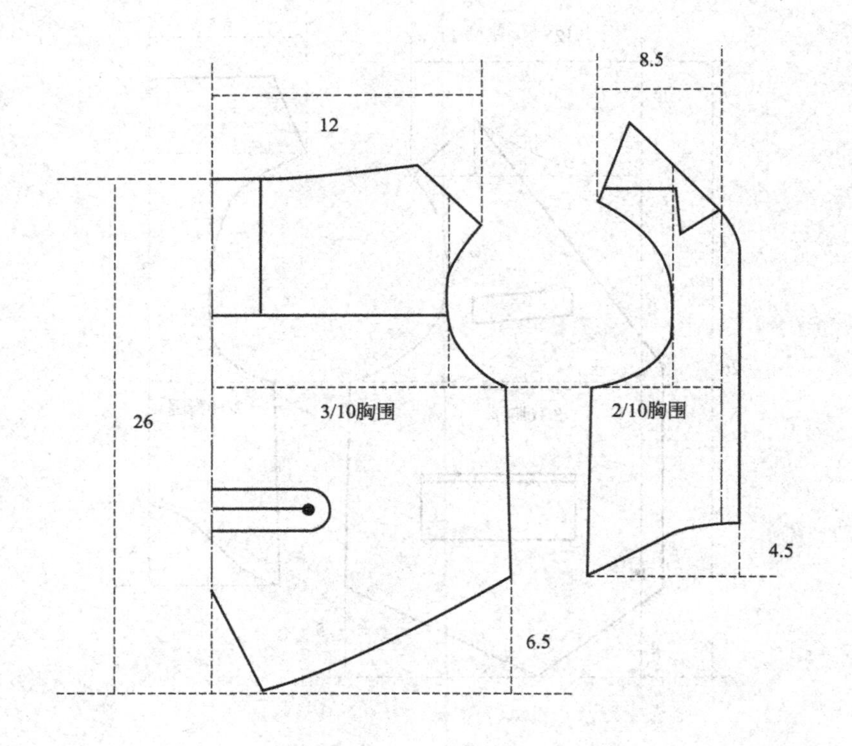

17. 绣花马甲

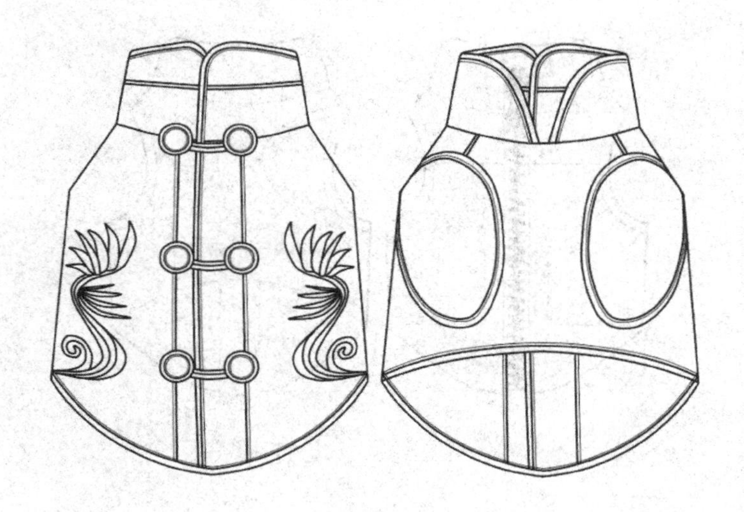

部位	身长	胸围	领围
尺寸	26	45	32

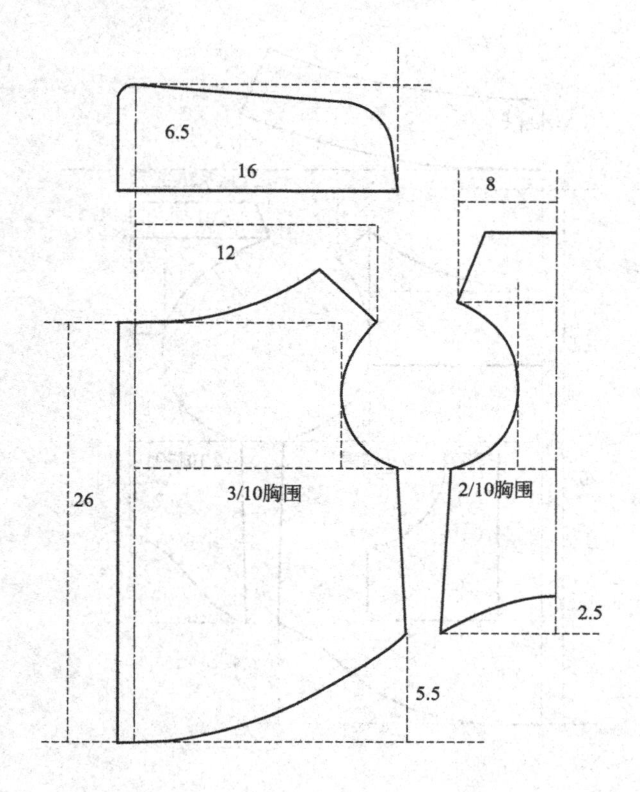

18. 羽绒马甲

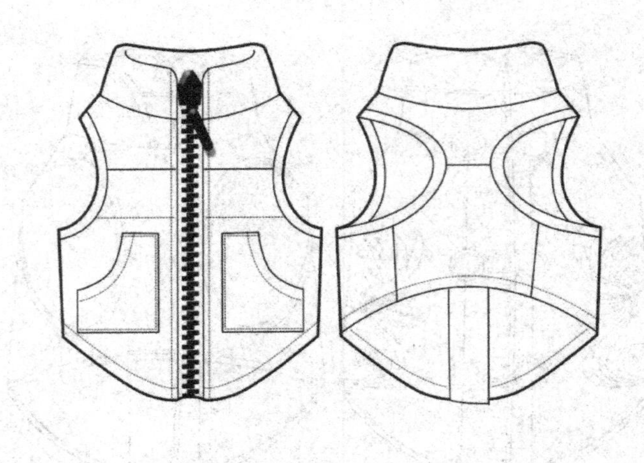

部位	身长	胸围	领围
尺寸	26	45	32

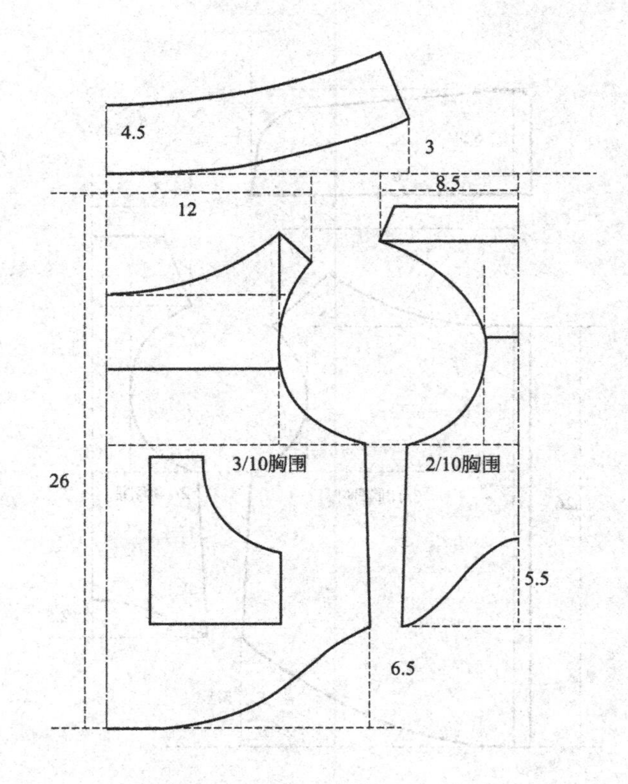

19. 长袖格纹衬衫

部位	身长	胸围	领围
尺寸	31	45	32

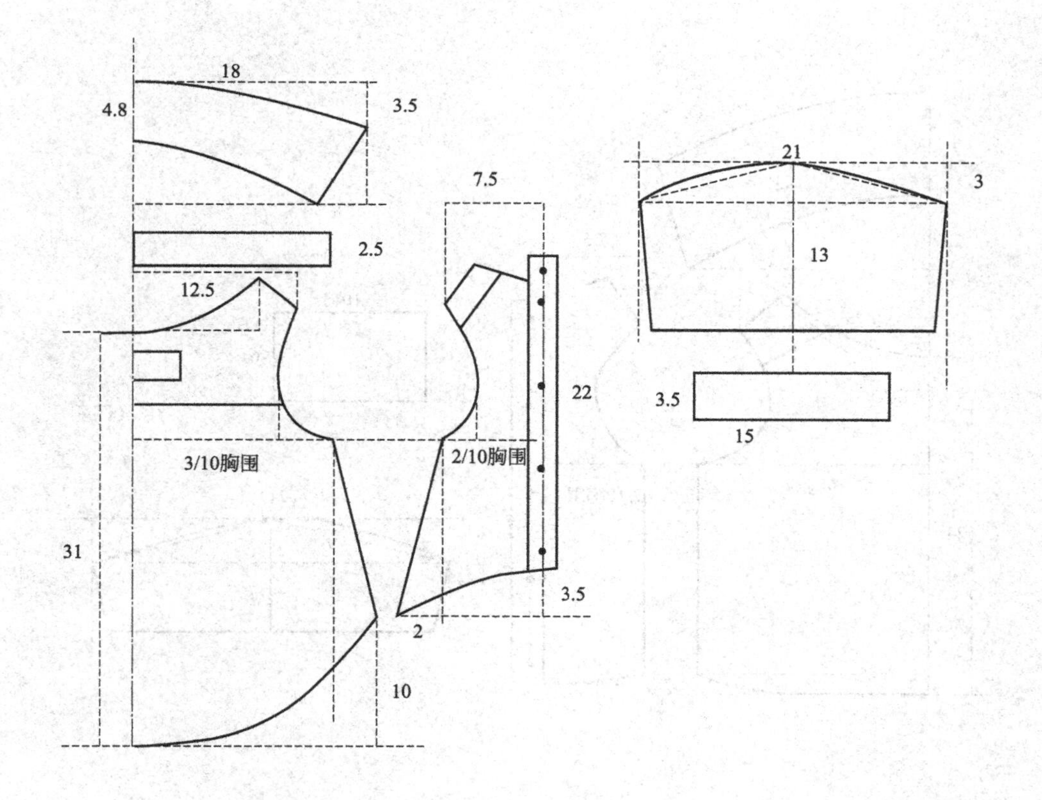

20. 蝴蝶结衬衫

部位	身长	胸围	领围
尺寸	24	45	32

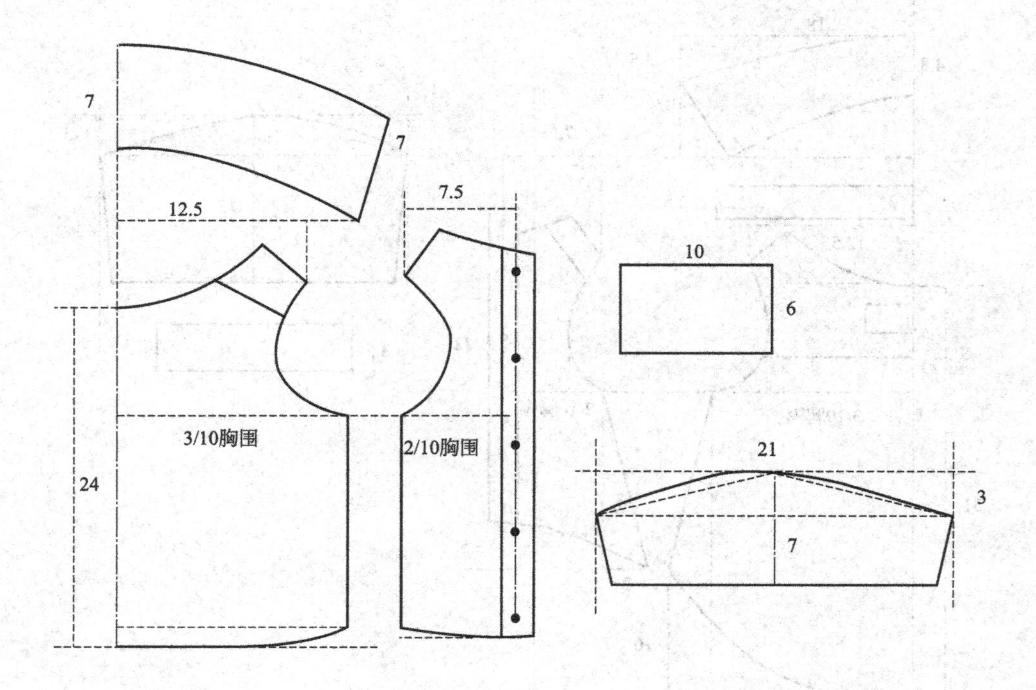

21. 衬衫

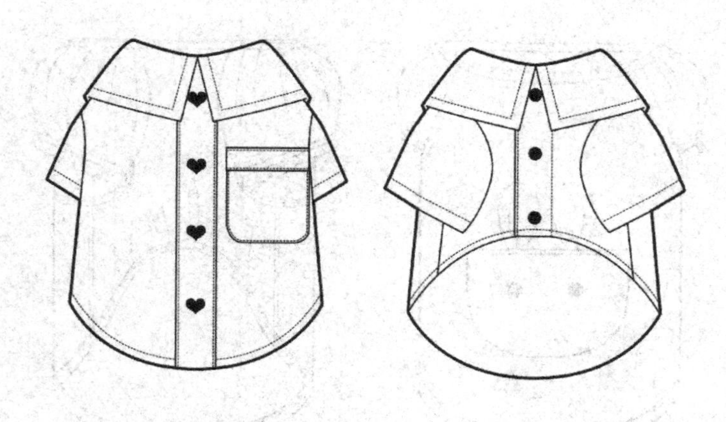

部位	身长	胸围	领围
尺寸	31	45	32

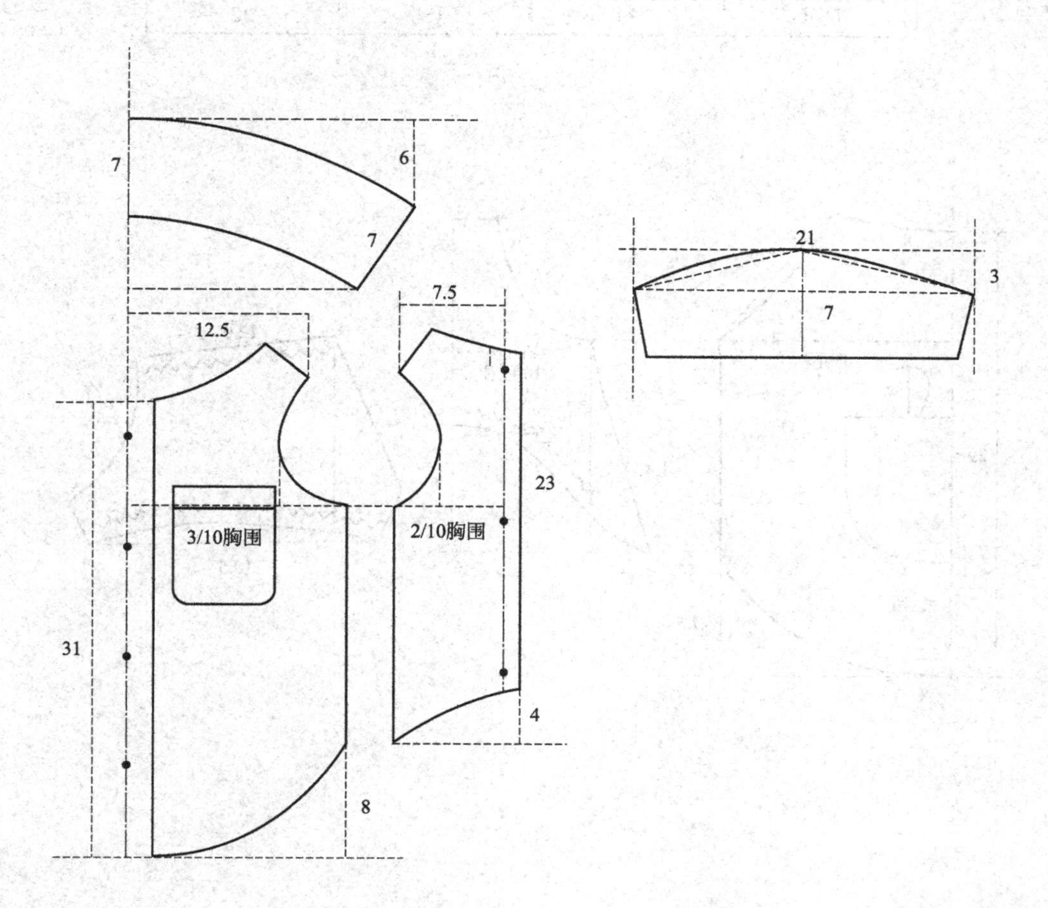

22. 卡通图案短袖

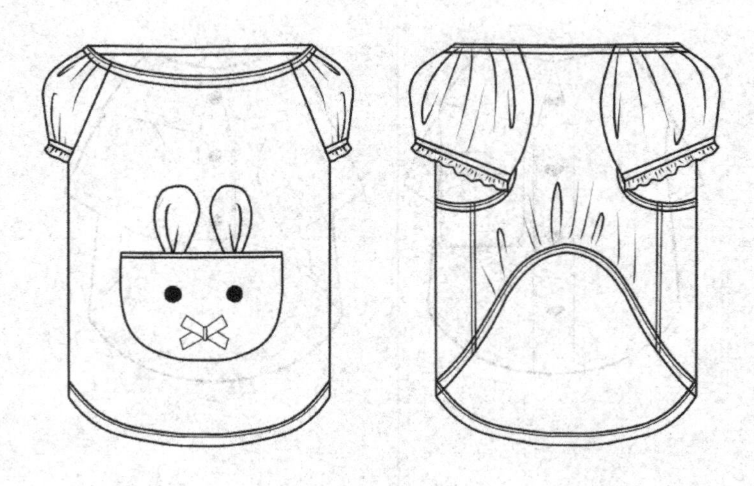

部位	身长	胸围	领围
尺寸	29	45	32

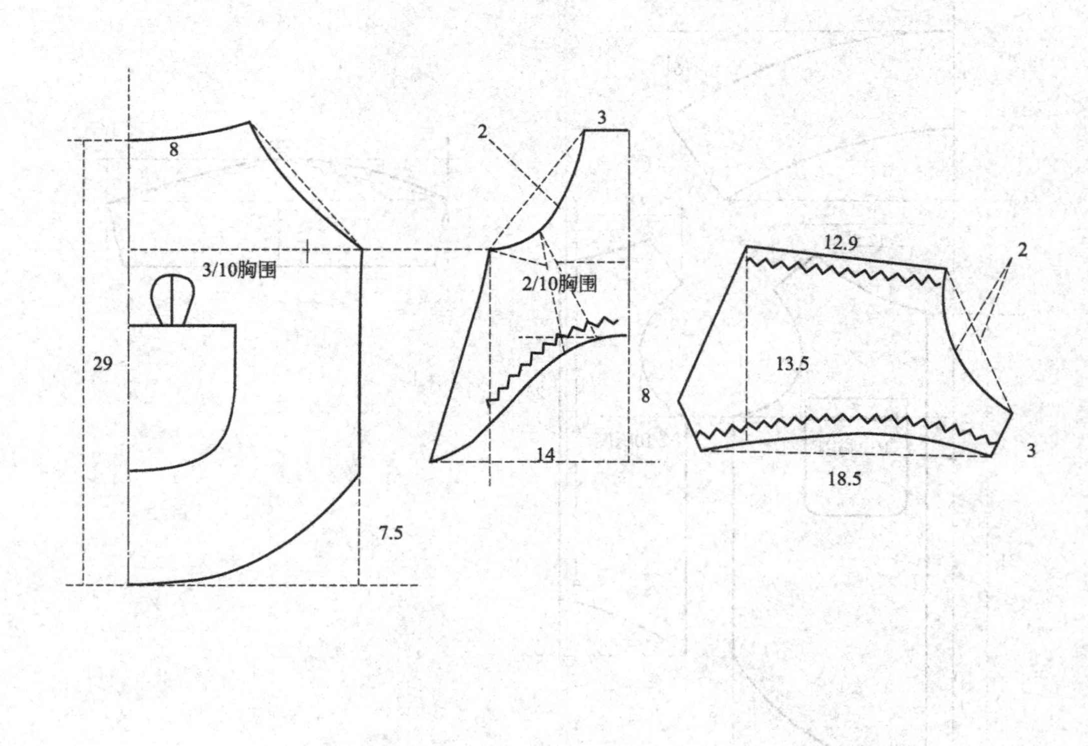

第二章 裙子

23. 背带假两件裙

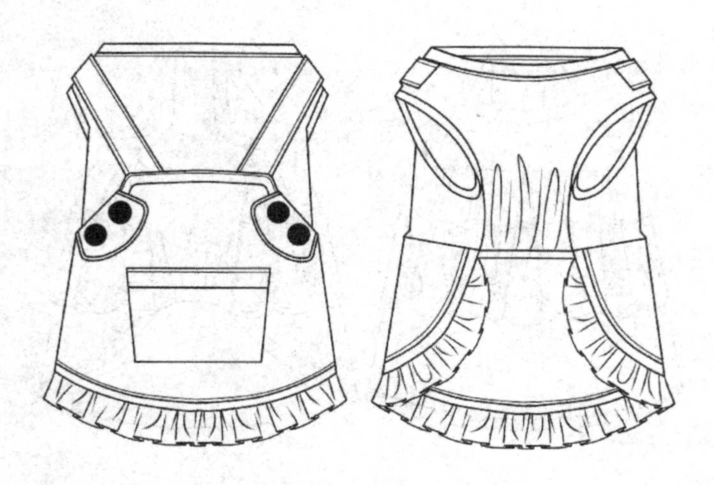

部位	身长	胸围	领围
尺寸	31	45	32

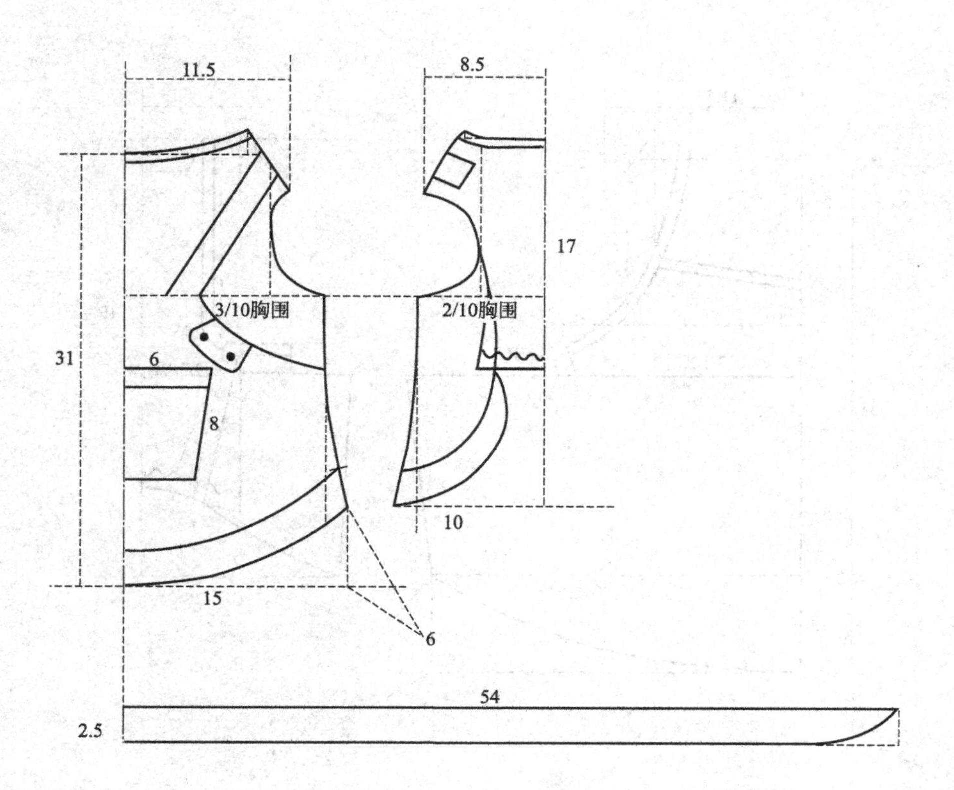

24. 背心裙

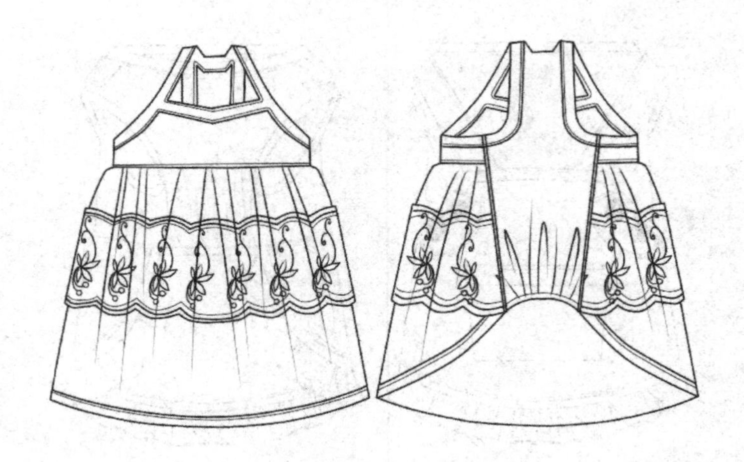

部位	身长	胸围	领围
尺寸	31	45	32

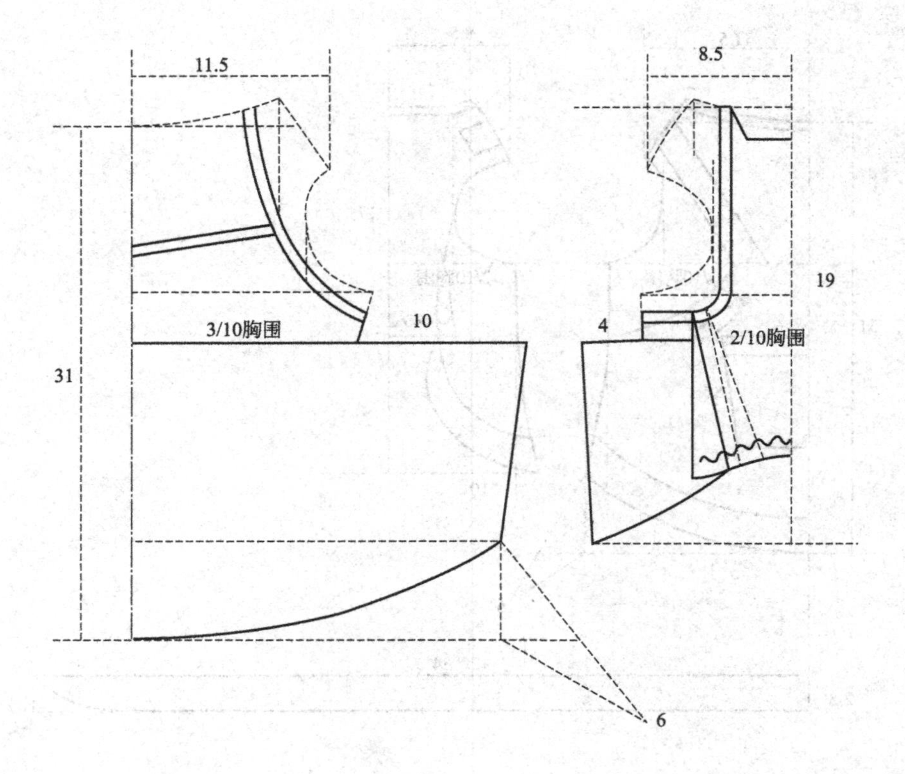

25. 波点连衣裙

部位	身长	胸围	领围
尺寸	31	45	32

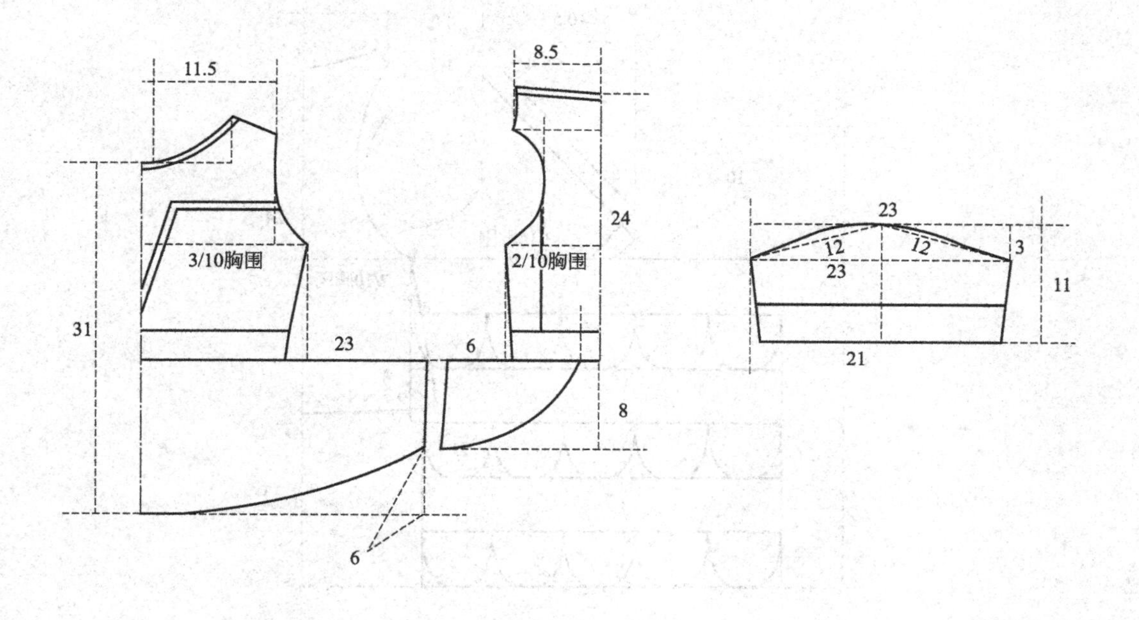

26. 蛋糕裙

部位	身长	胸围	领围
尺寸	32	45	32

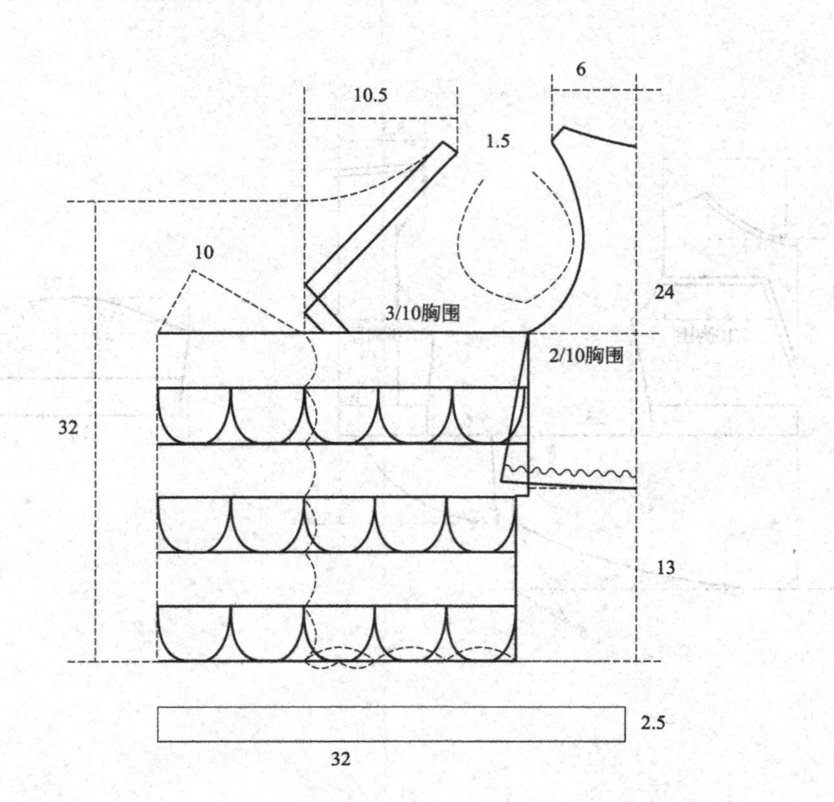

27. 蝴蝶结连衣裙

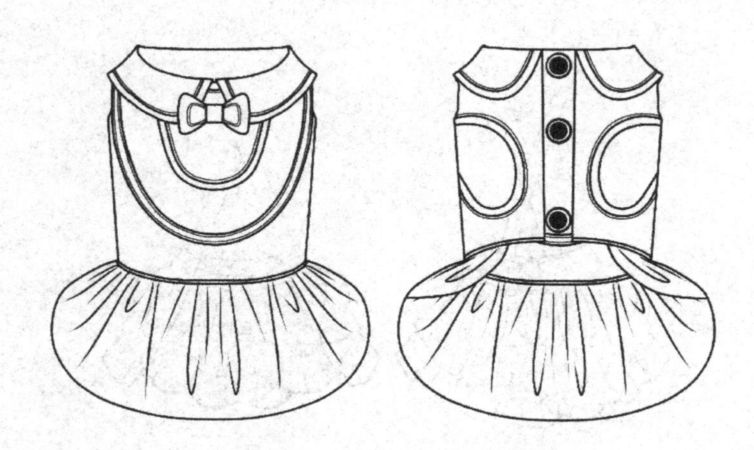

部位	身长	胸围	领围
尺寸	31	45	32

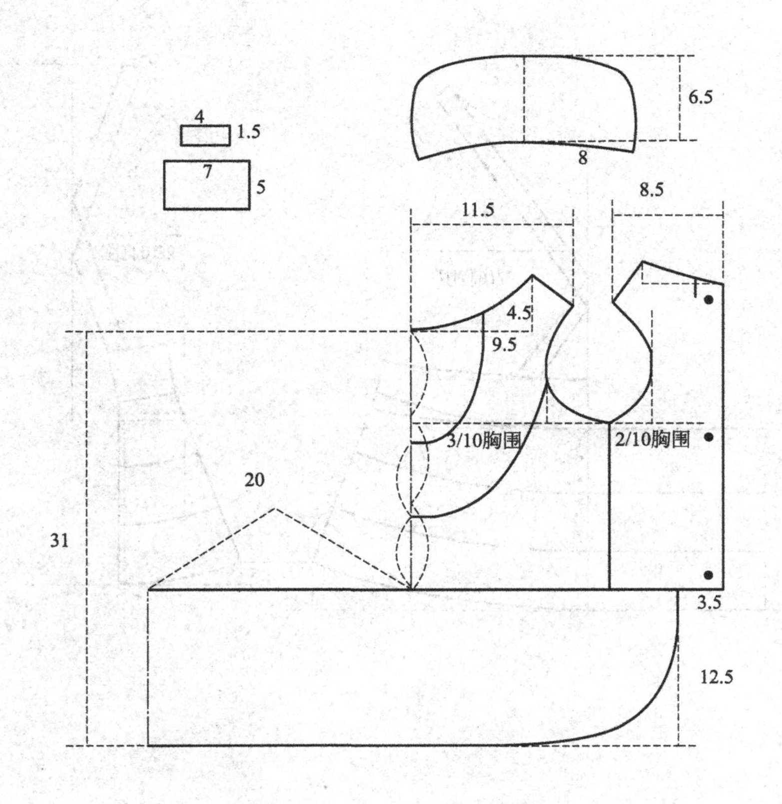

28. 半裙

部位	身长	胸围	领围
尺寸	31	45	32

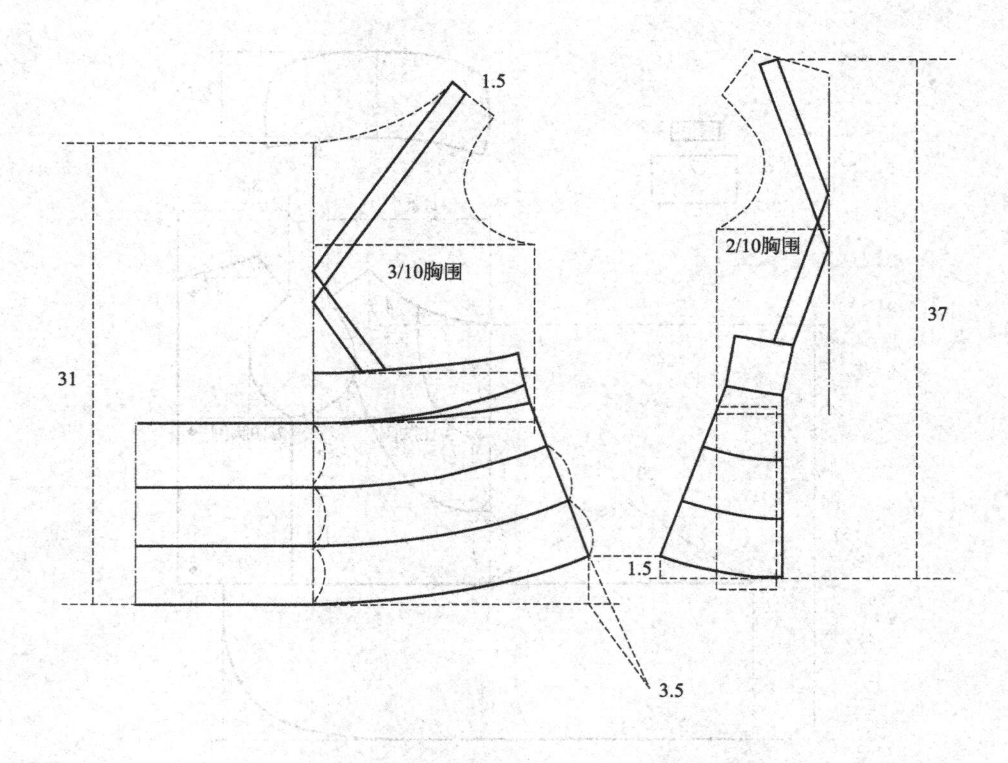

29. 背带裙

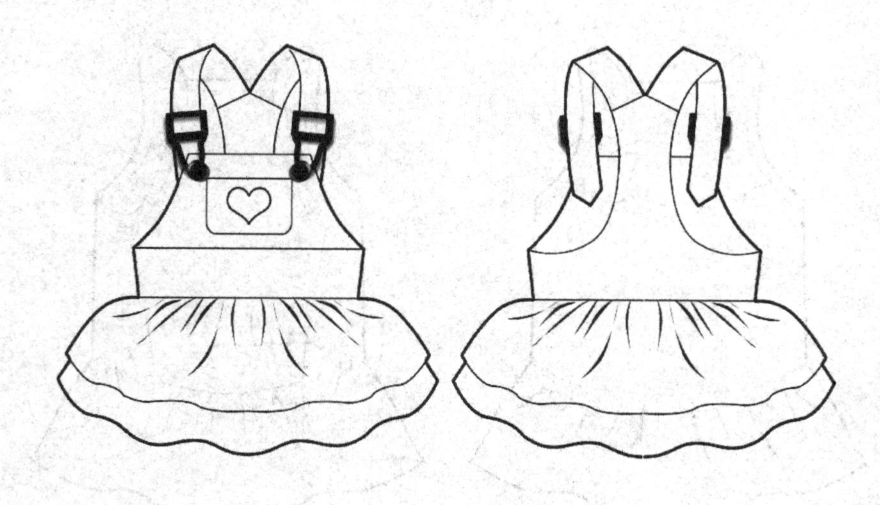

部位	身长	胸围	领围
尺寸	31	45	32

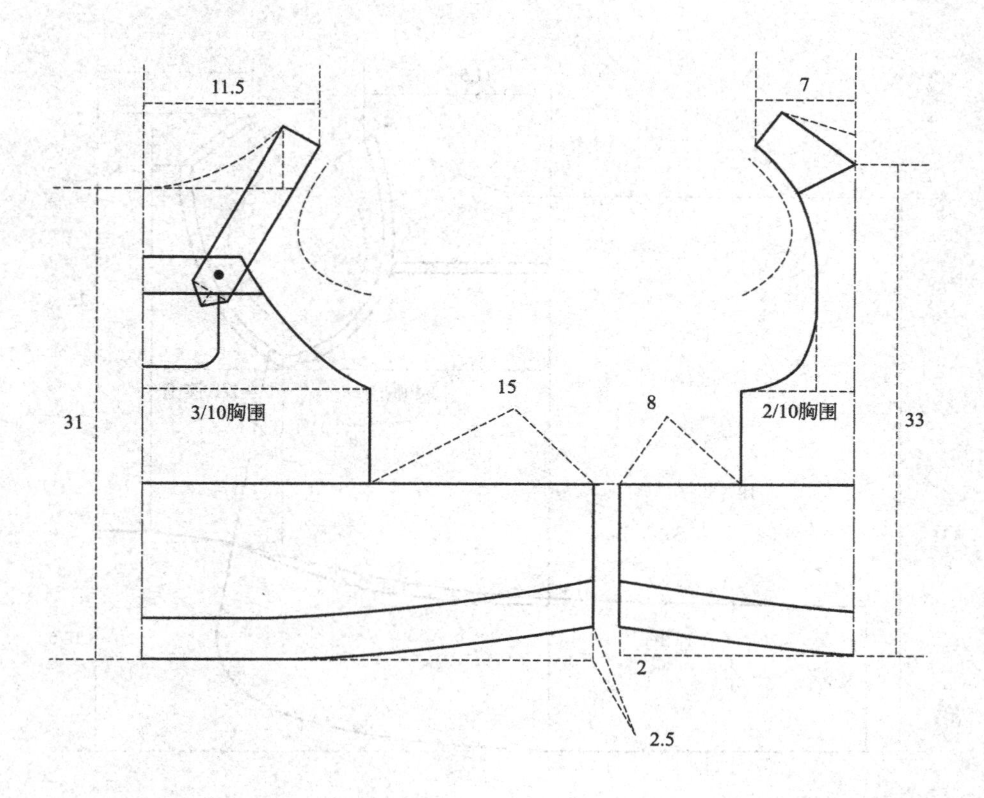

30. 吊带裙

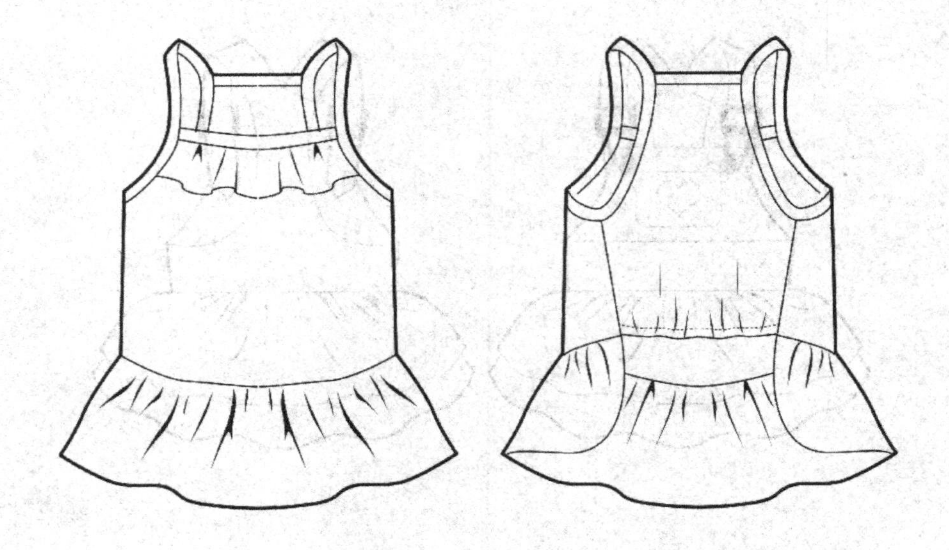

部位	身长	胸围	领围
尺寸	31	45	32

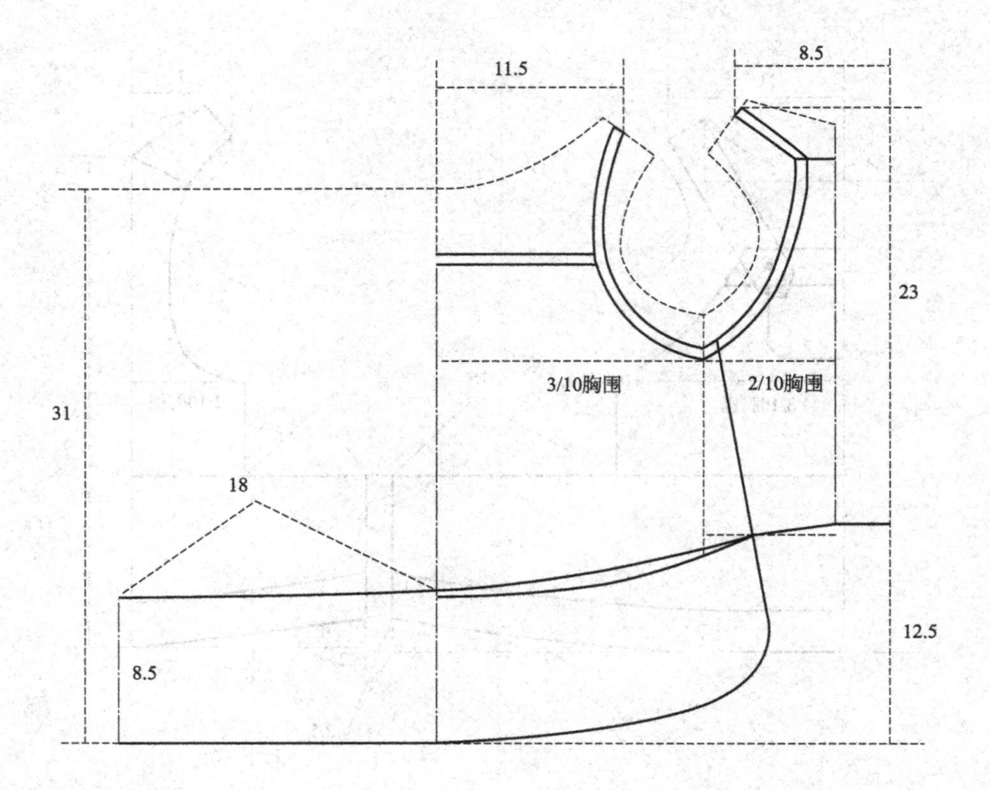

31. 连衣裙 A 款

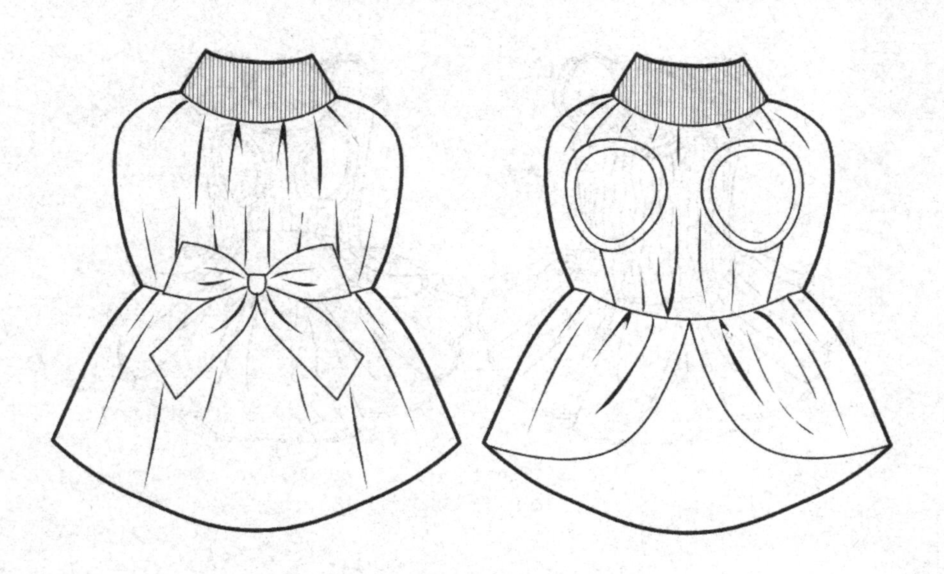

部位	身长	胸围	领围
尺寸	31	45	29

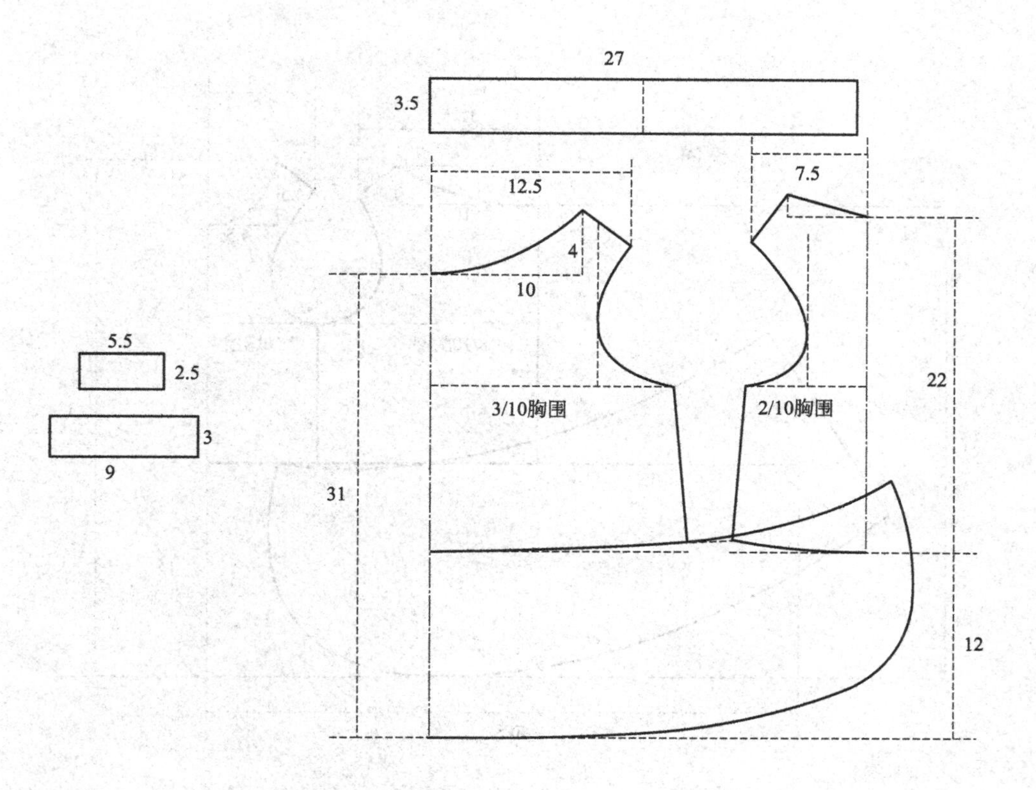

32. 连衣裙 B 款

部位	身长	胸围	领围
尺寸	31	45	32

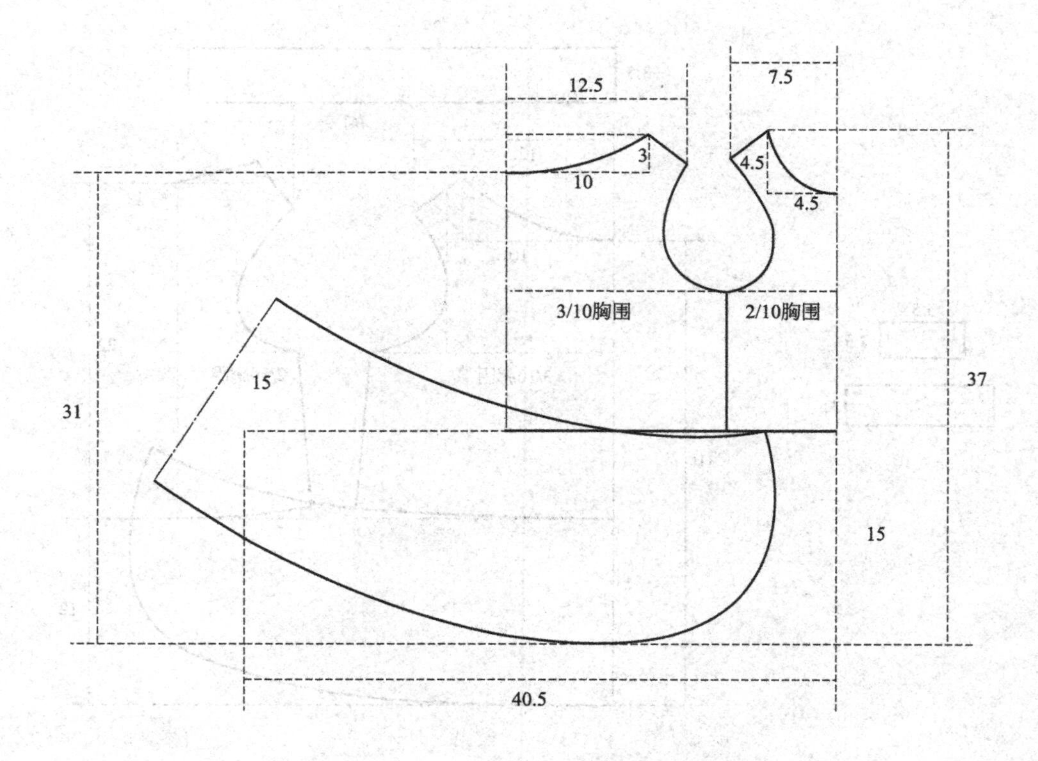

33. 连衣裙 C 款

部位	身长	胸围	领围
尺寸	31	45	32

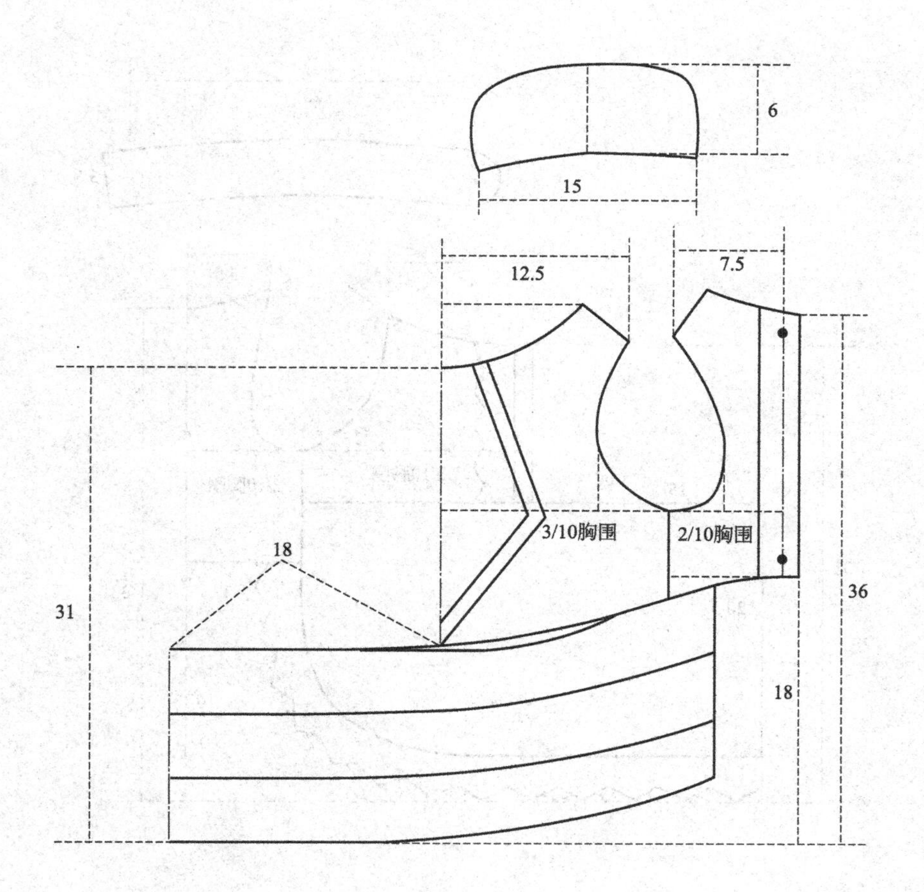

34. 连衣裙 D 款

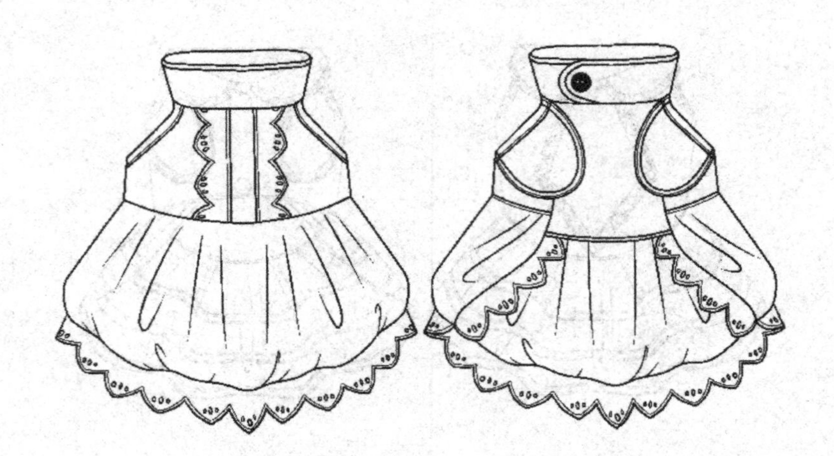

部位	身长	胸围	领围
尺寸	31	45	32

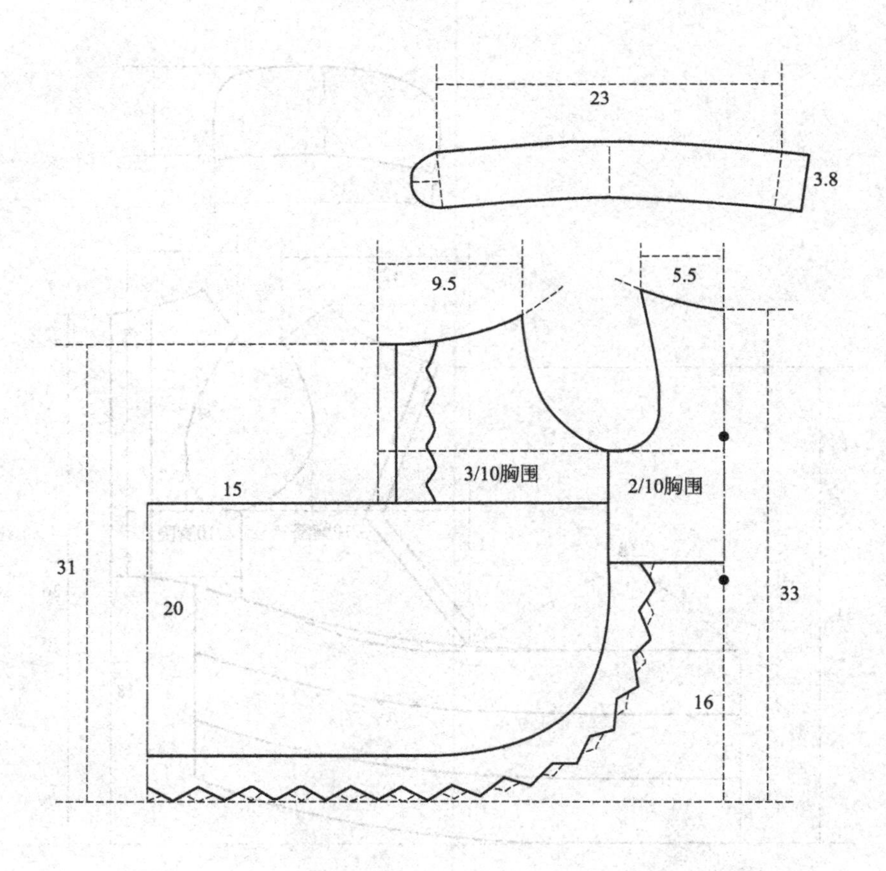

35. 连衣裙 E 款

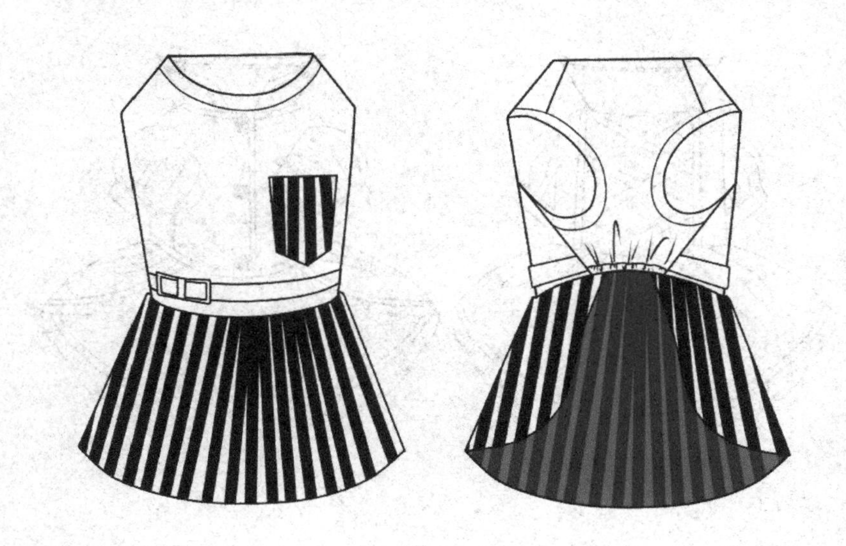

部位	身长	胸围	领围
尺寸	31	45	32

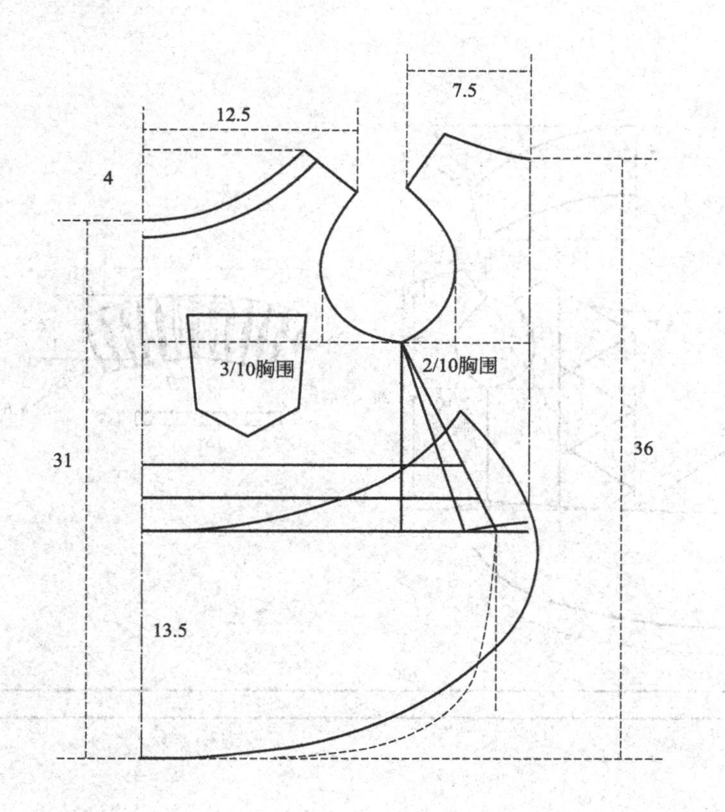

36. 公主裙

部位	身长	胸围	领围
尺寸	31	45	32

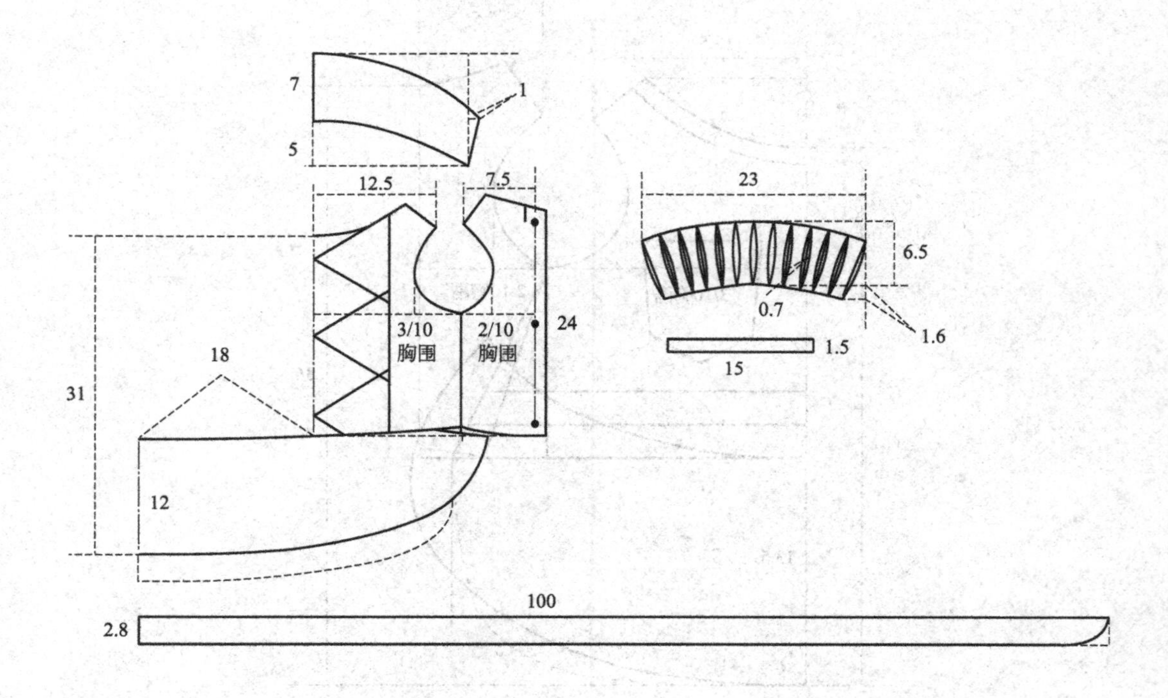

37. 荷叶边牛仔裙

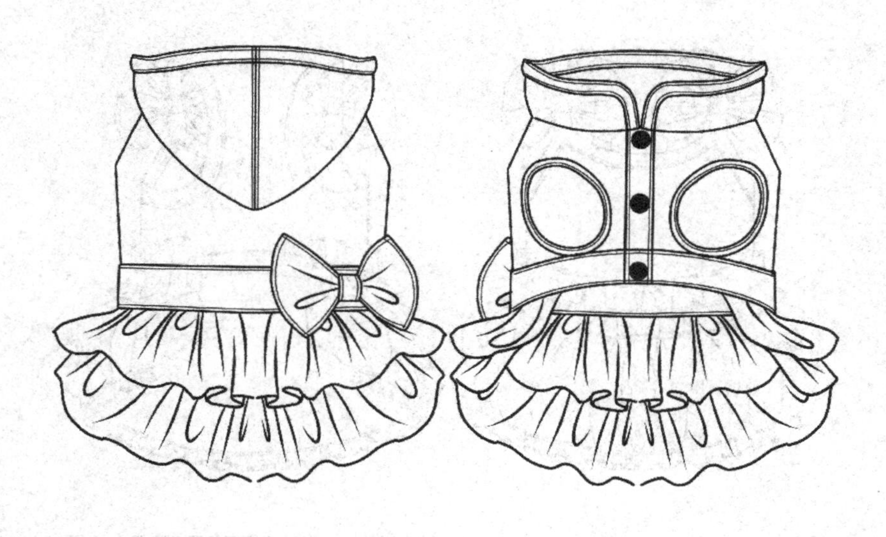

部位	身长	胸围	领围
尺寸	31	45	32

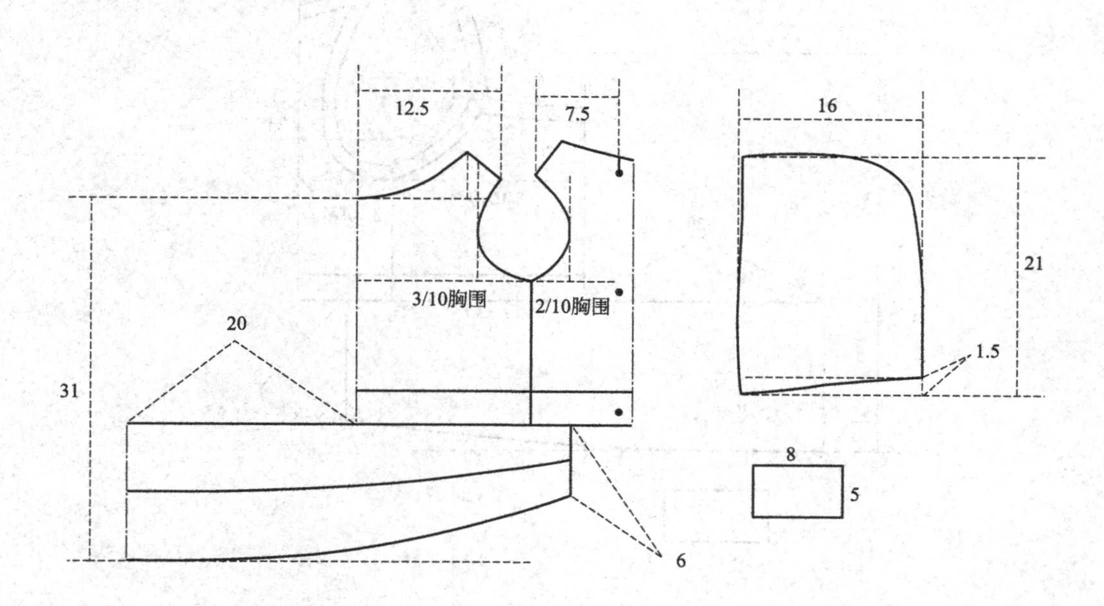

38. 蝴蝶结背心裙

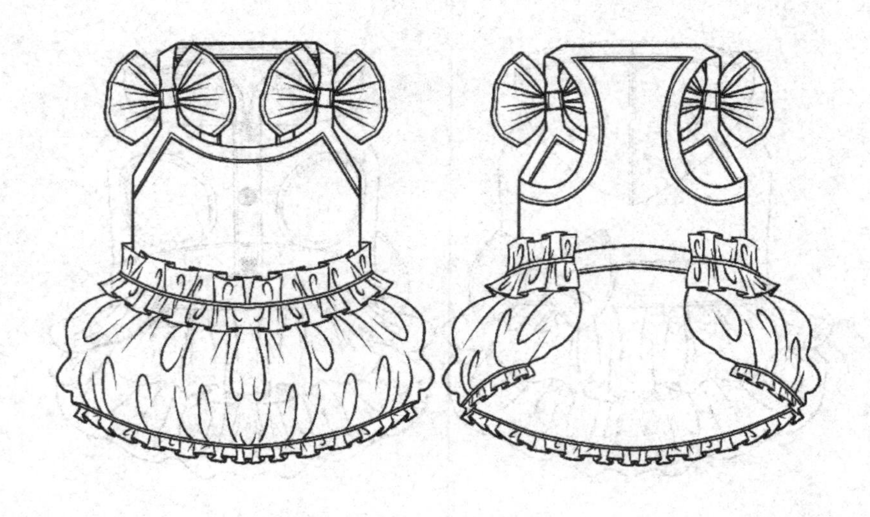

部位	身长	胸围	领围
尺寸	31	45	32

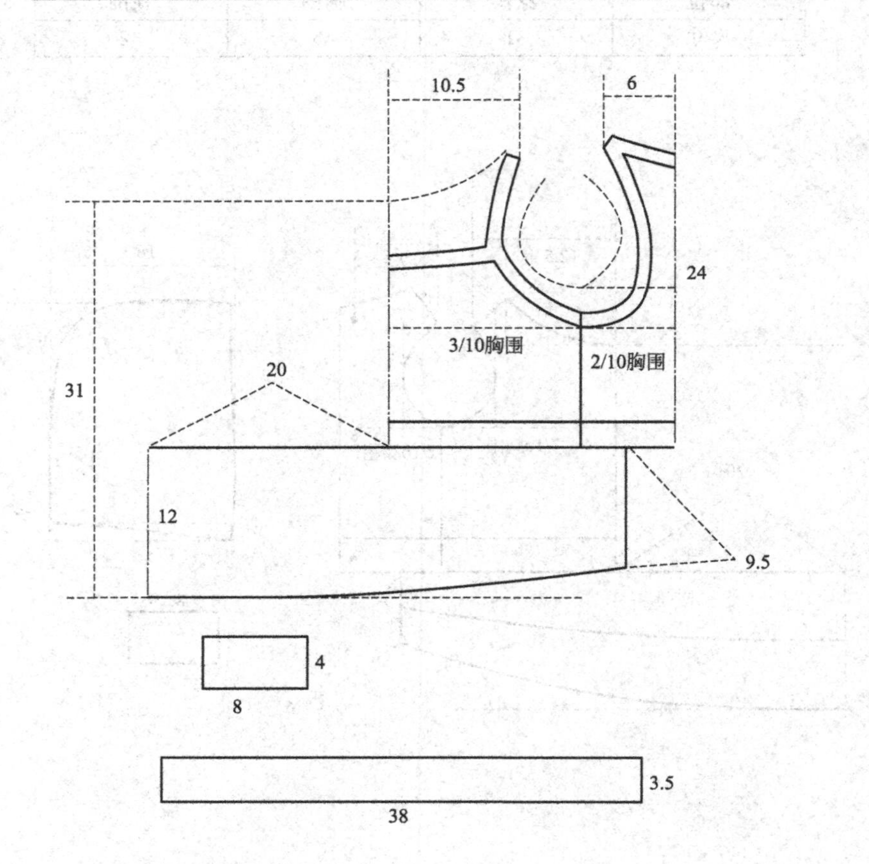

39. 蝴蝶结吊带裙

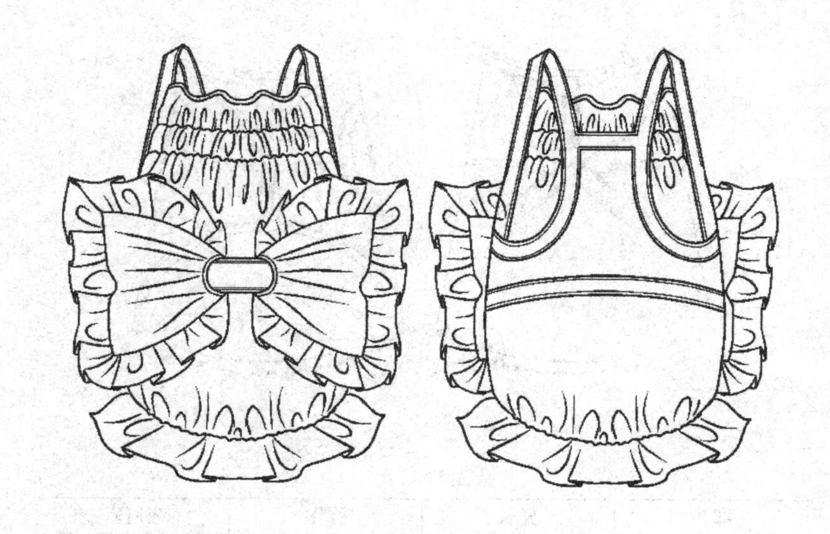

部位	身长	胸围	领围
尺寸	29	45	32

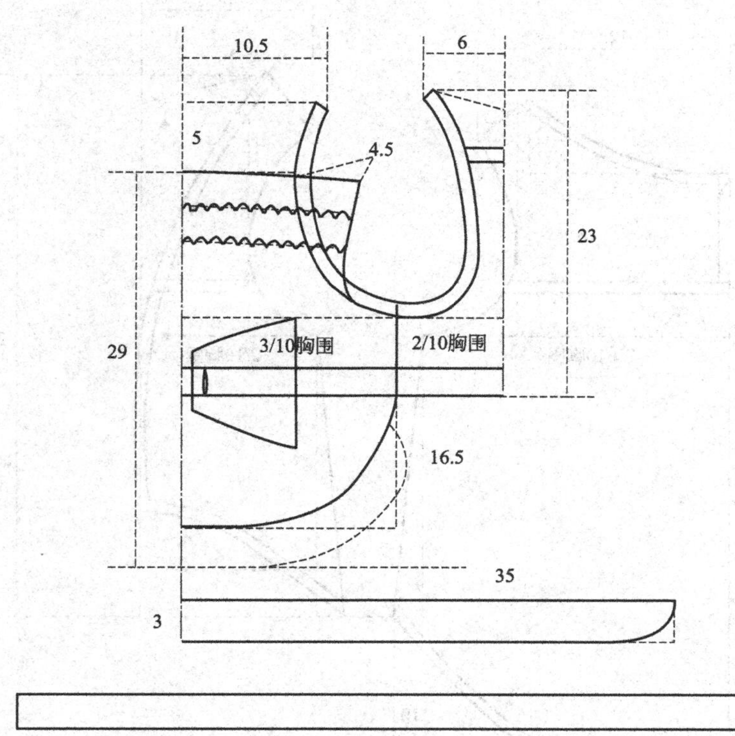

40. 蝴蝶结连衣裙 A 款

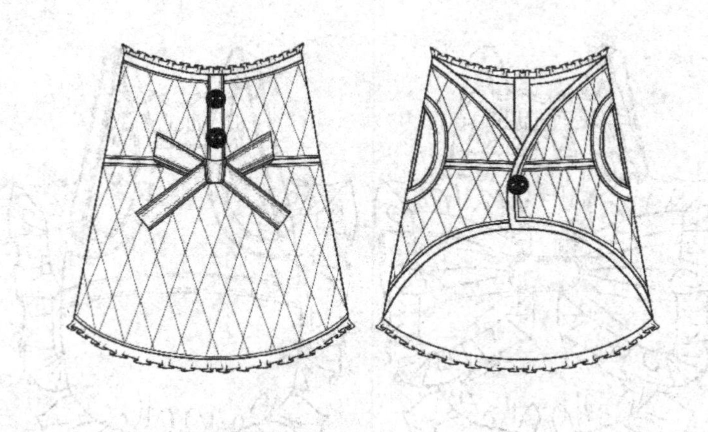

部位	身长	胸围	领围
尺寸	31	45	32

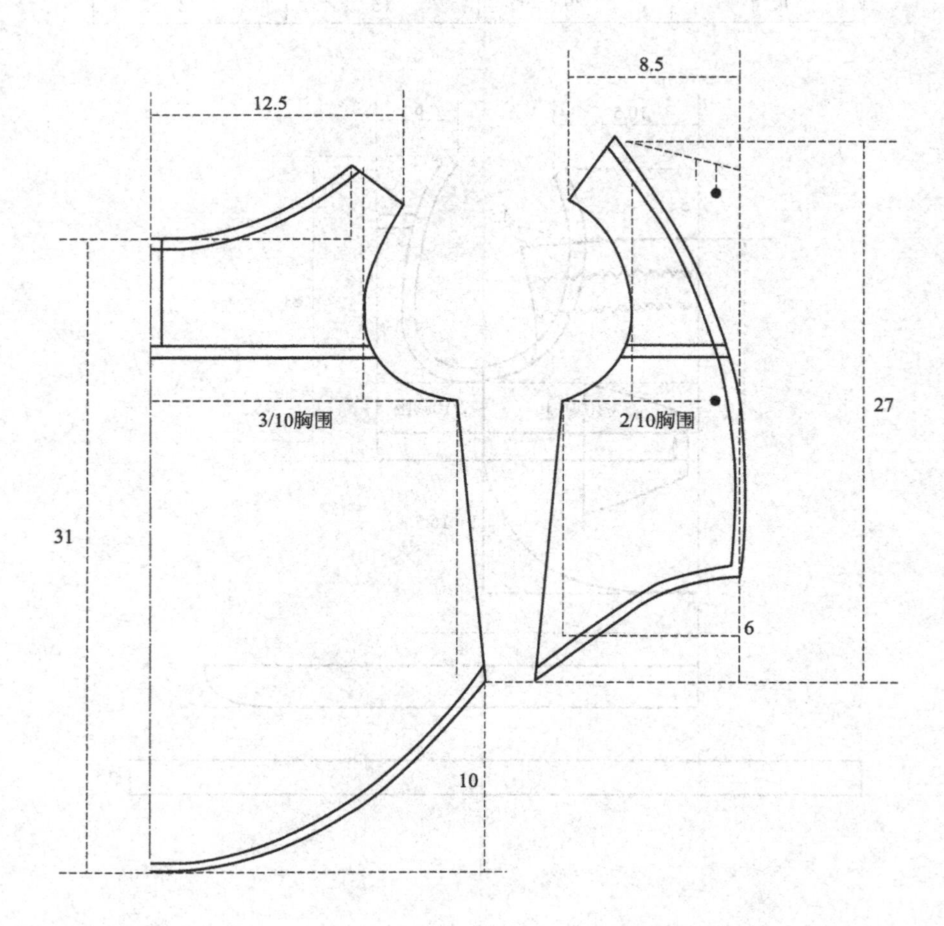

41. 蝴蝶结连衣裙 B 款

部位	身长	胸围	领围
尺寸	31	45	32

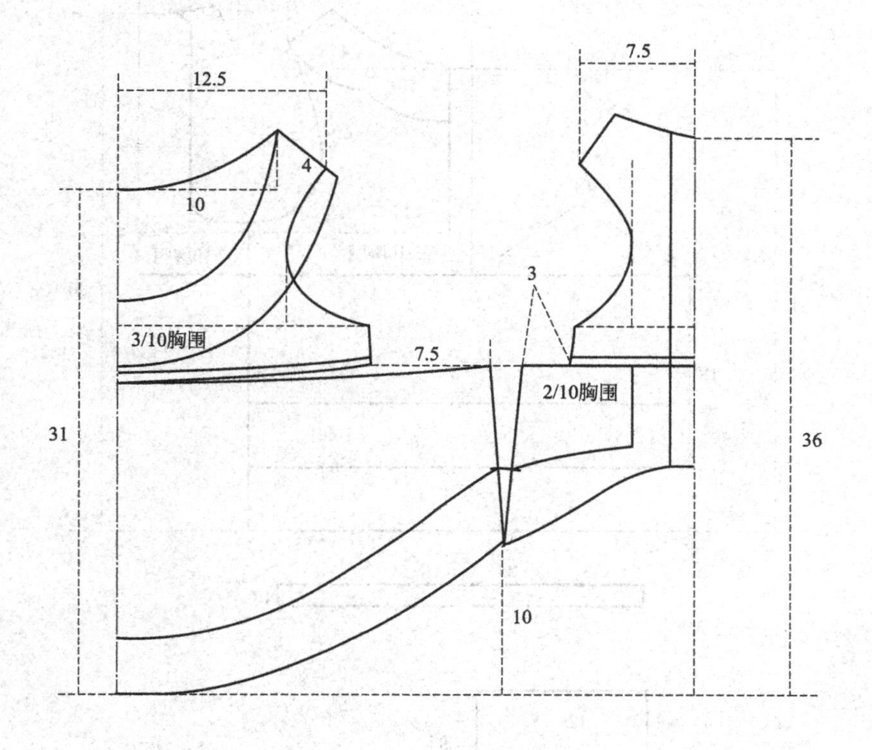

42. 蝴蝶结连衣裙 C 款

部位	身长	胸围	领围
尺寸	31	45	32

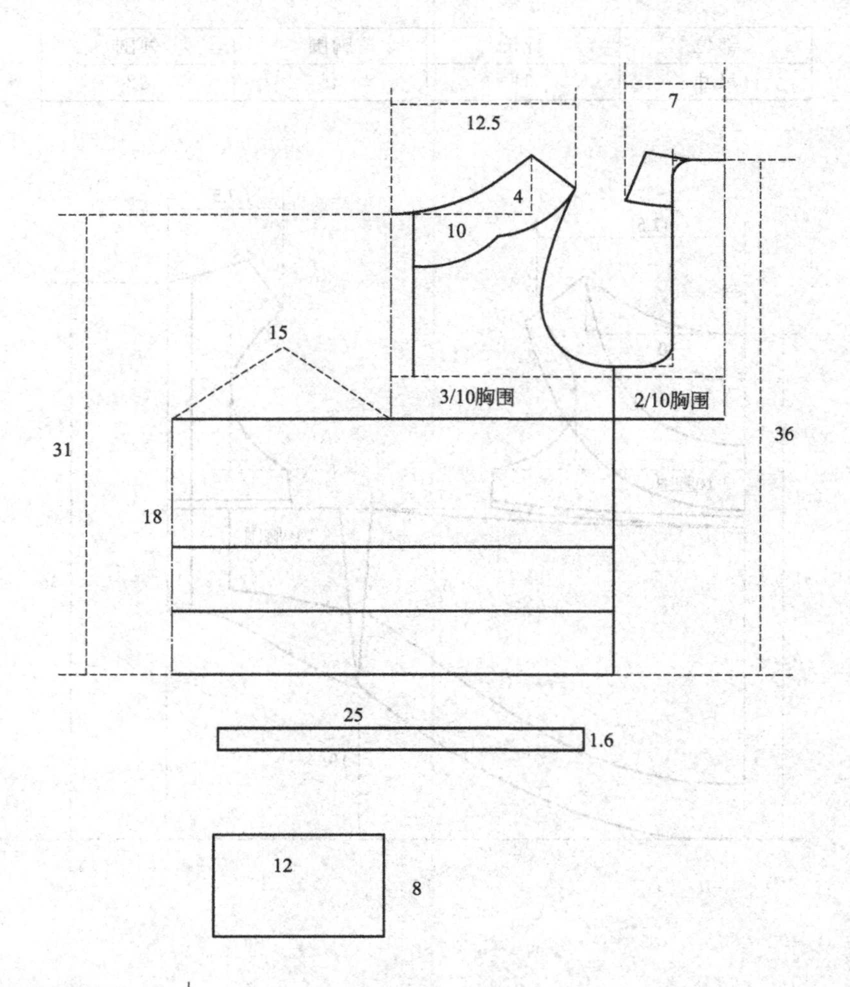

43. 蝴蝶结连衣裙 D 款

部位	身长	胸围	领围
尺寸	31	45	32

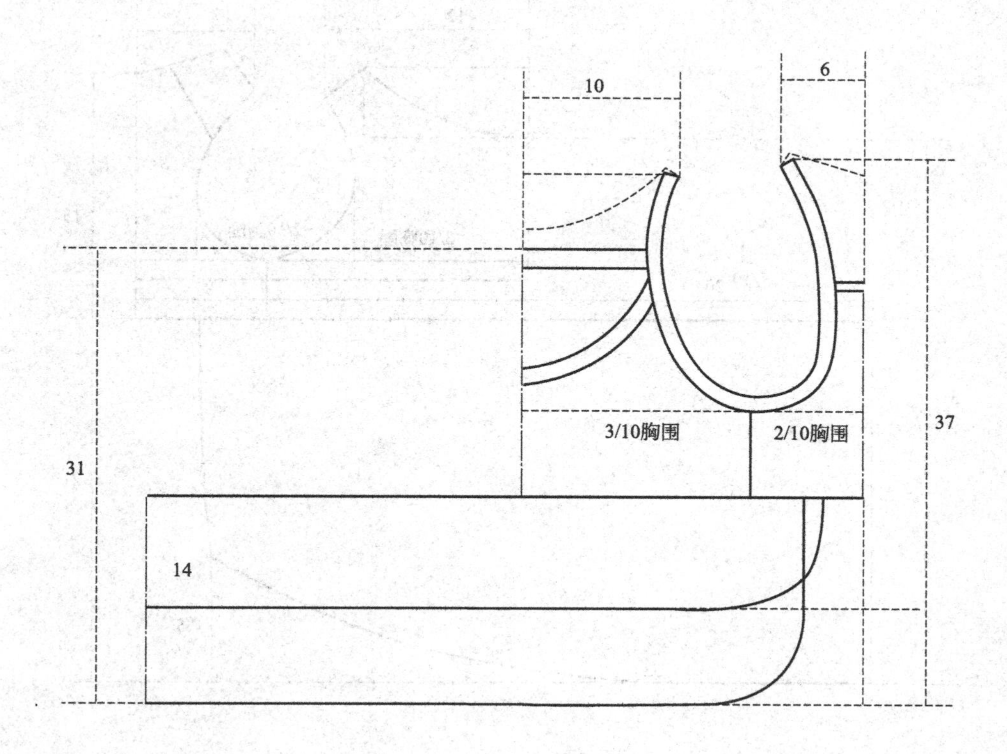

44. 蝴蝶结连衣裙 E 款

部位	身长	胸围	领围
尺寸	31	45	32

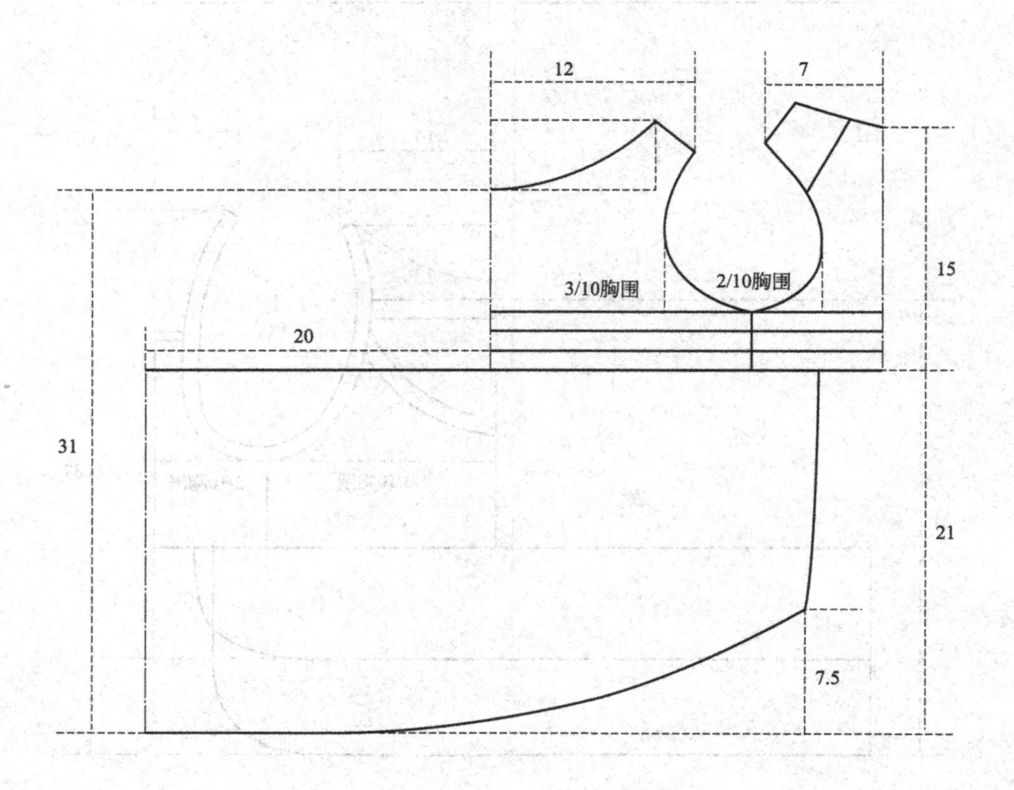

45. 蝴蝶袖连衣裙

部位	身长	胸围	领围
尺寸	31	45	32

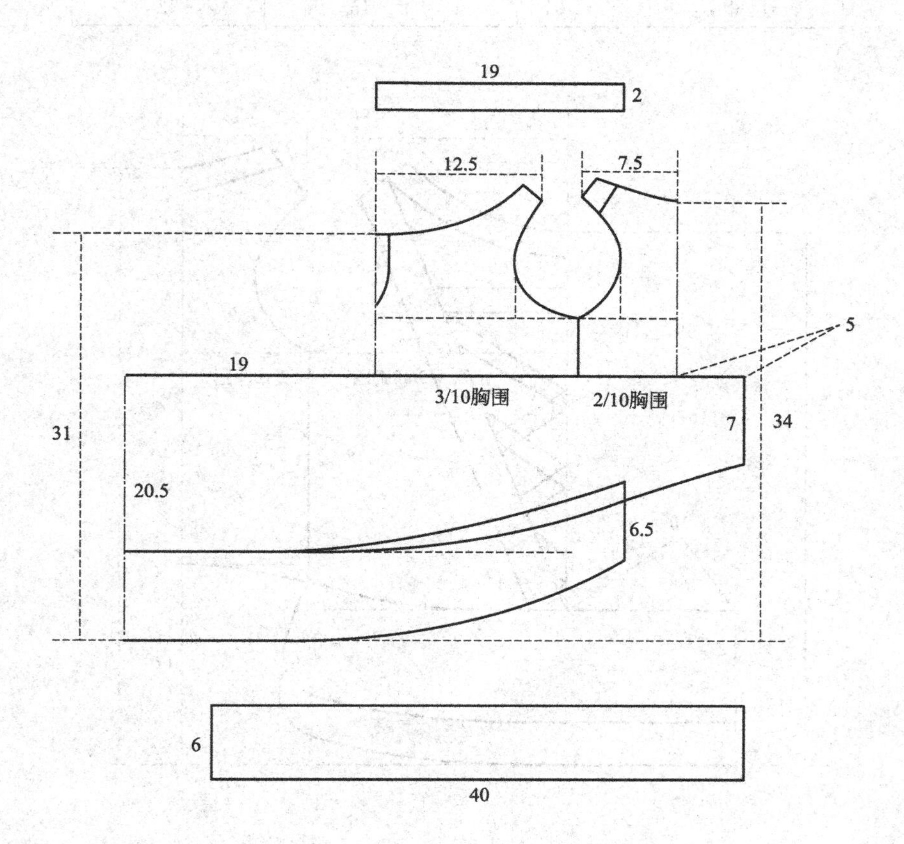

46. 可爱百褶裙

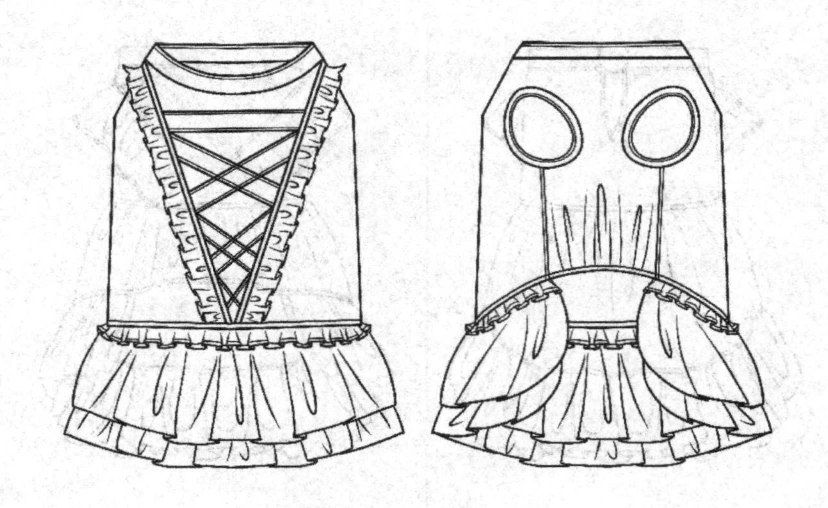

部位	身长	胸围	领围
尺寸	31	45	32

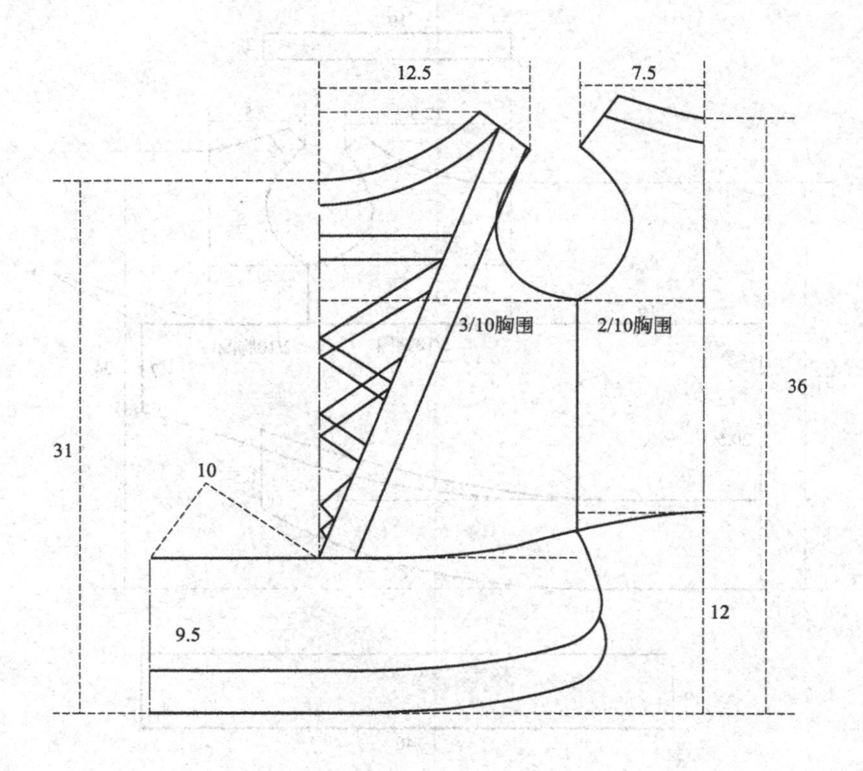

47. 可爱背心裙

部位	身长	胸围	领围
尺寸	31	45	32

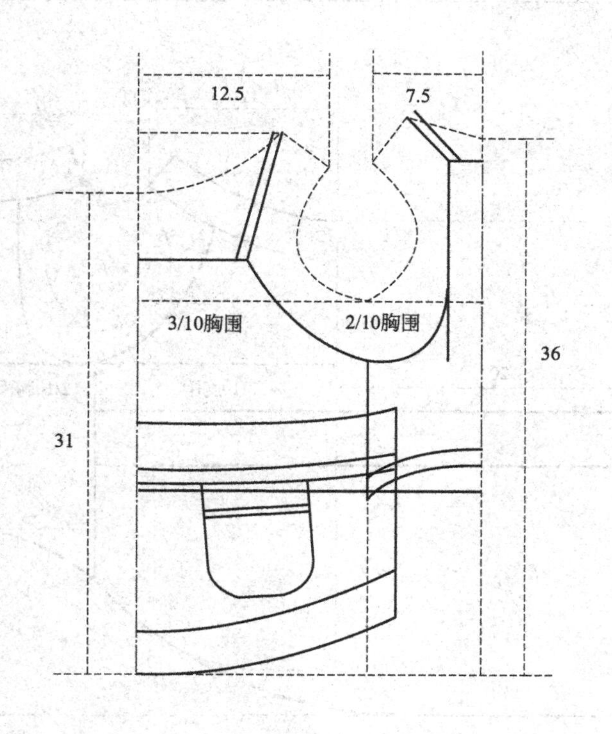

48. 可爱灯笼裙

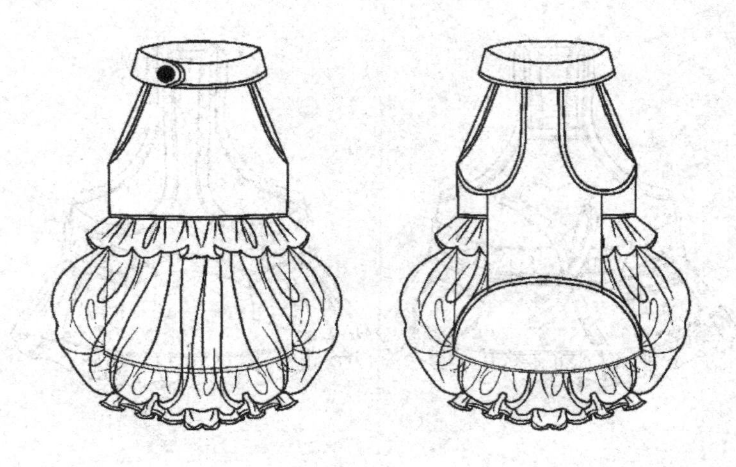

部位	身长	胸围	领围
尺寸	31	45	32

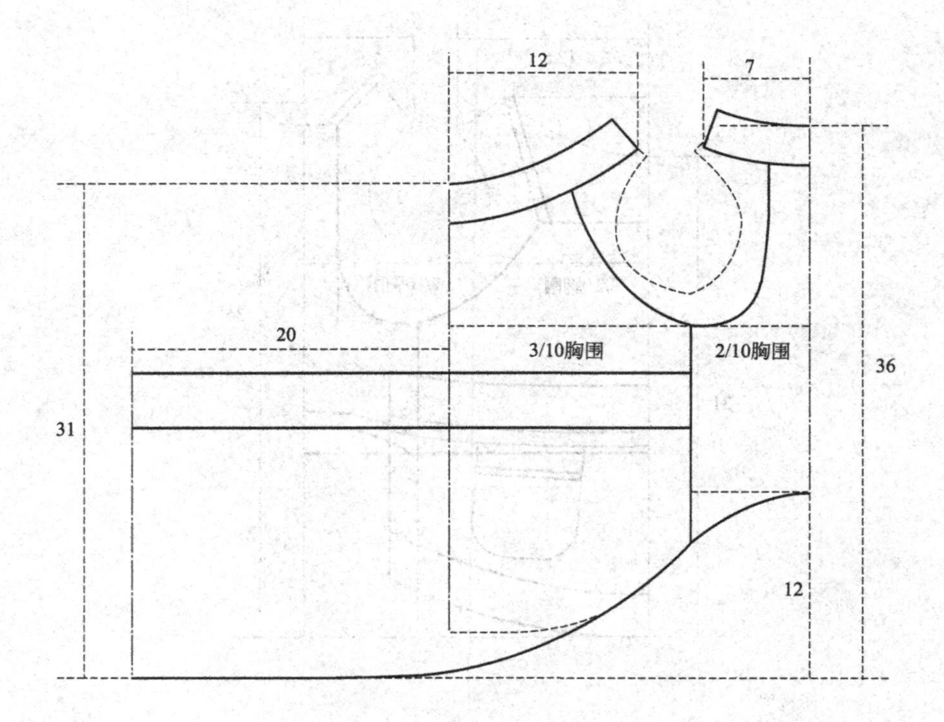

49. 可爱连衣裙 A 款

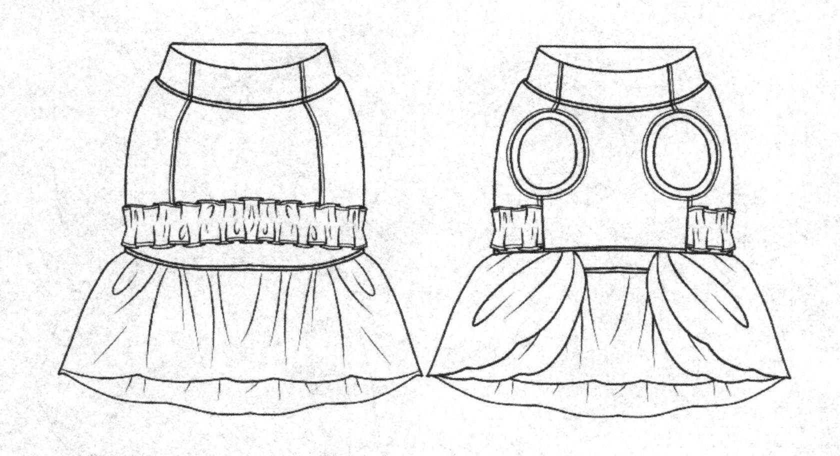

部位	身长	胸围	领围
尺寸	29	45	32

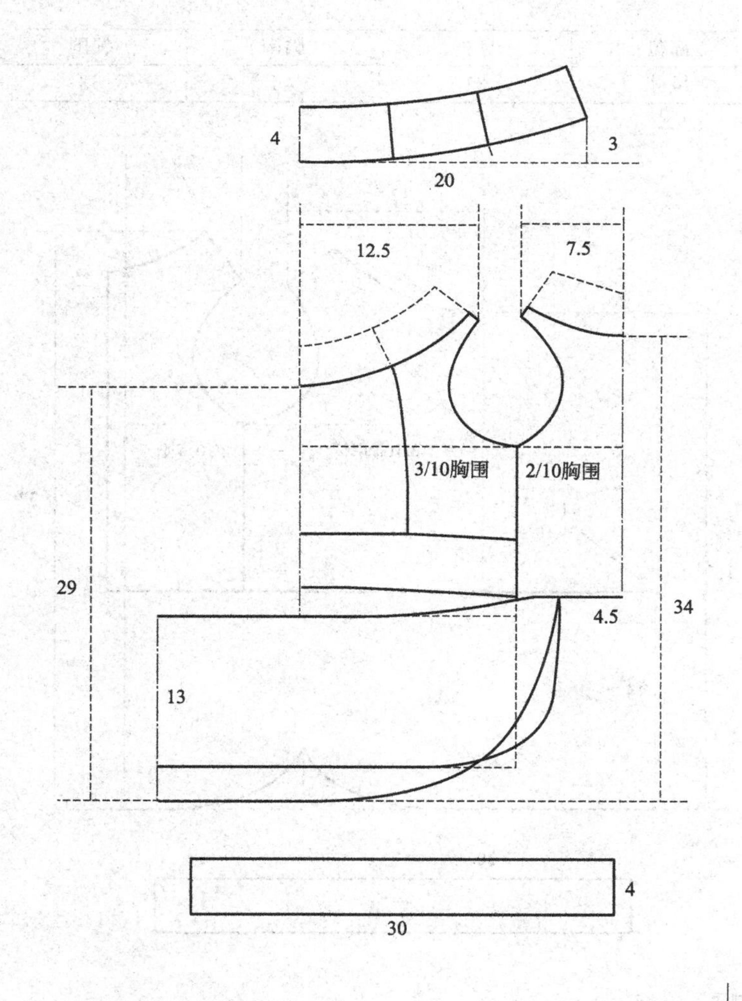

50. 可爱连衣裙 B 款

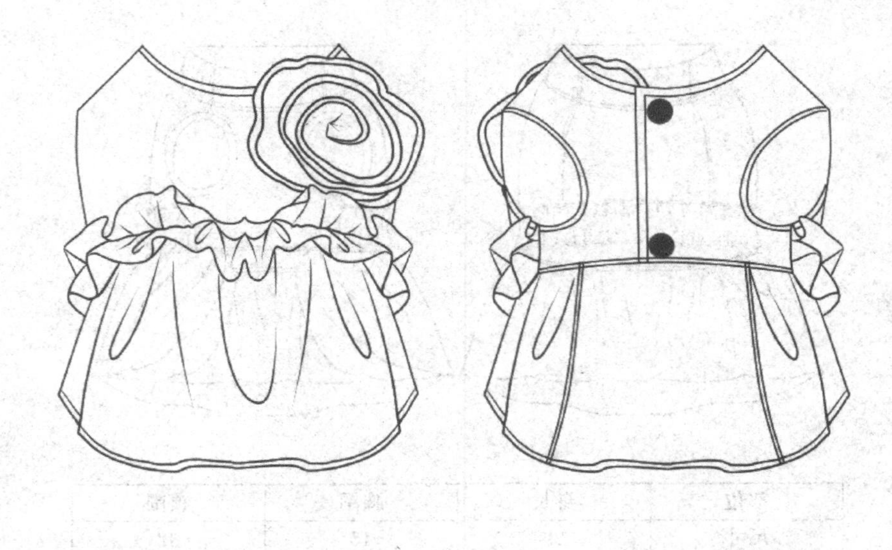

部位	身长	胸围	领围
尺寸	31	45	32

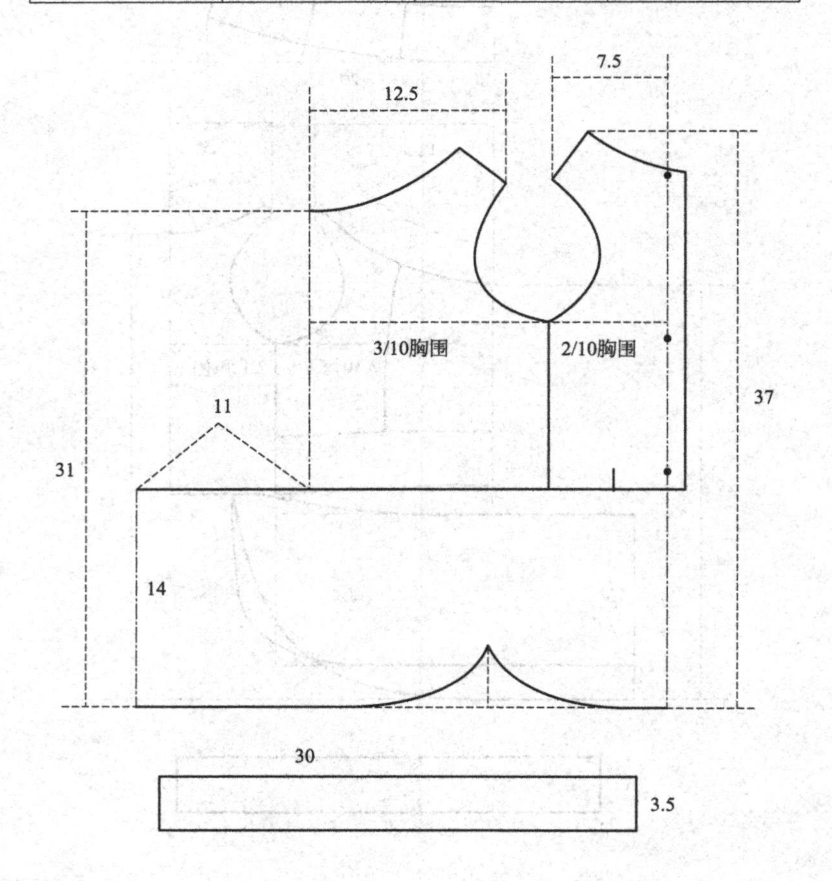

51. 牛仔背心裙

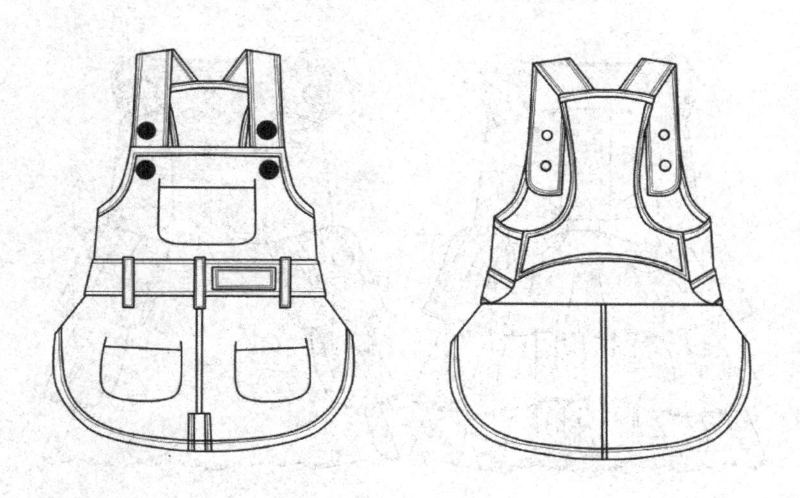

部位	身长	胸围	领围
尺寸	28	45	32

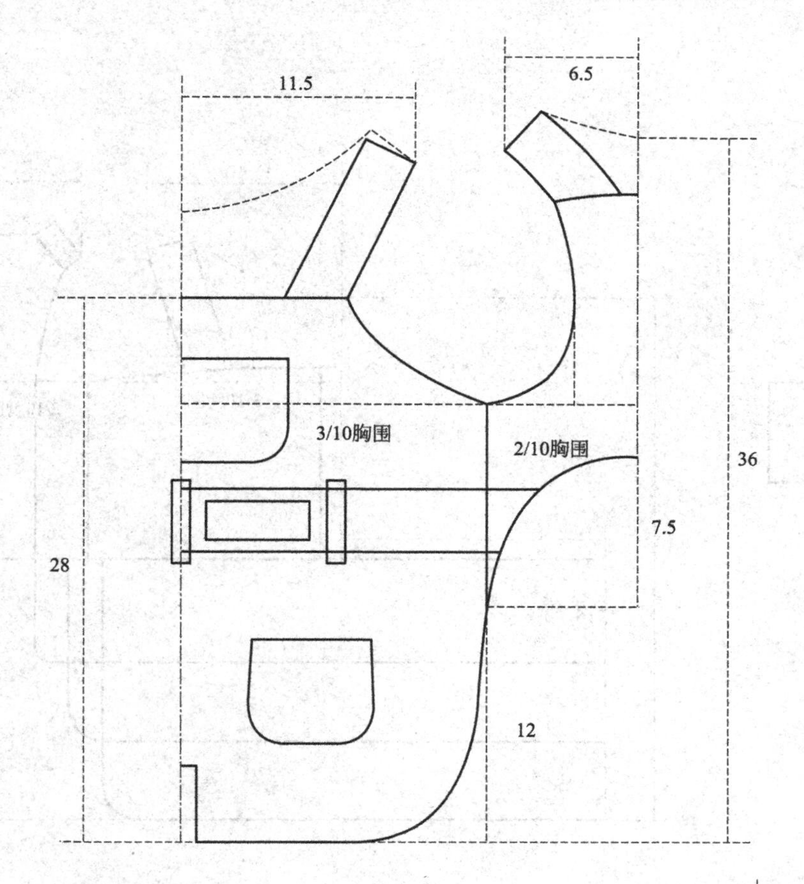

52. 碎花连衣裙

部位	身长	胸围	领围
尺寸	31	45	32

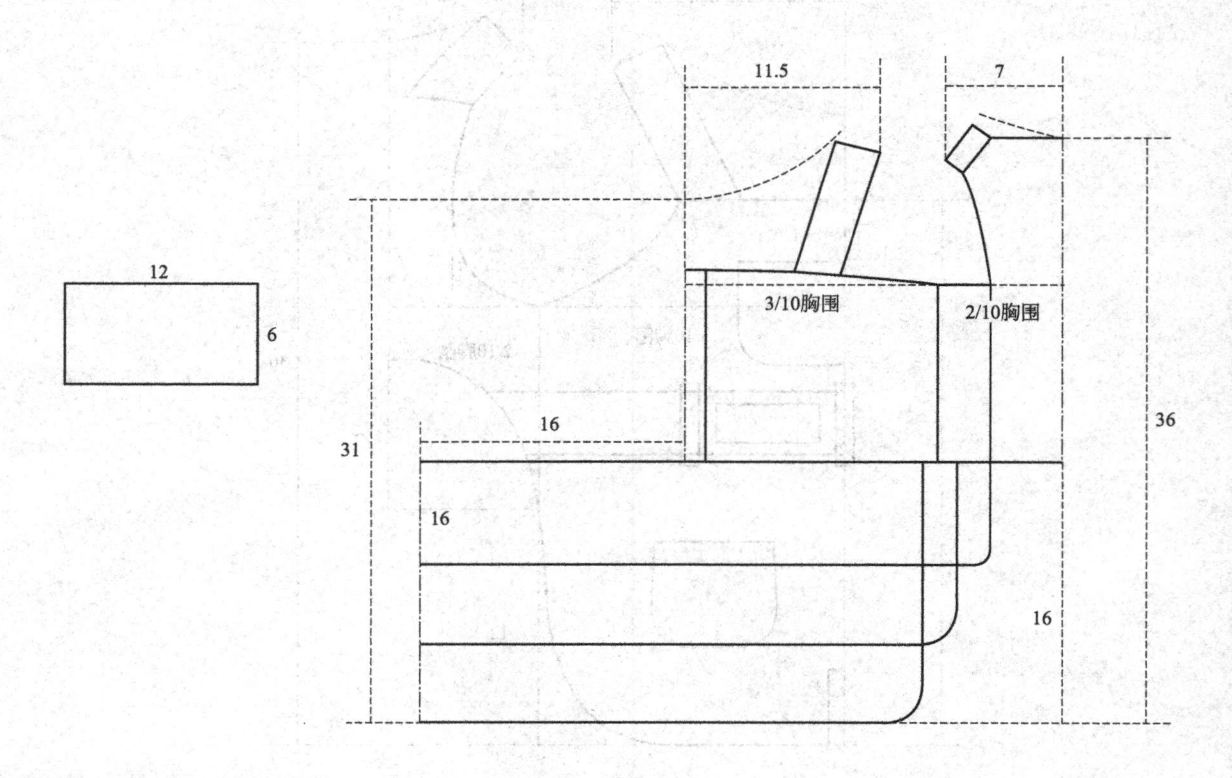

53. 星形图案吊带裙

部位	身长	胸围	领围
尺寸	31	45	32

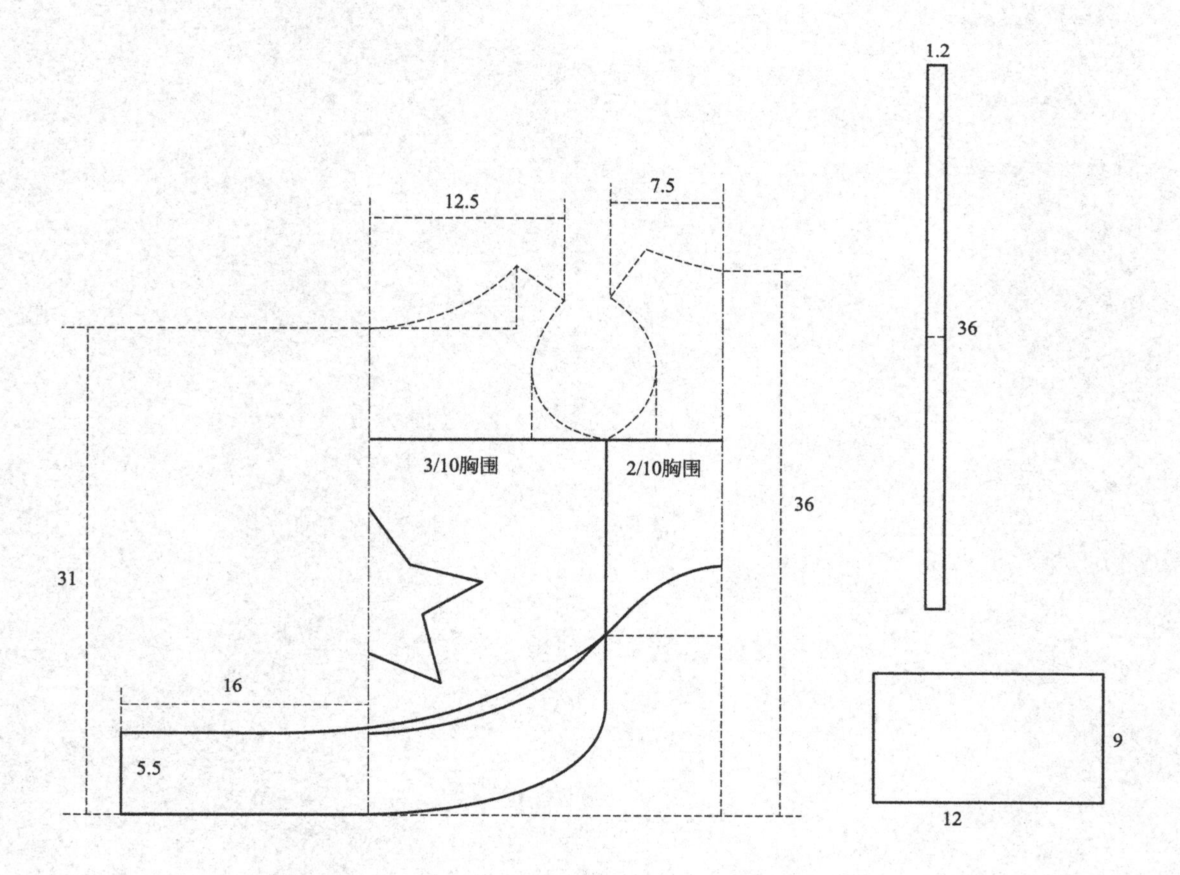

第三章 连体衣、背带裤、生理裤、四脚服

54. 连体衣 A 款

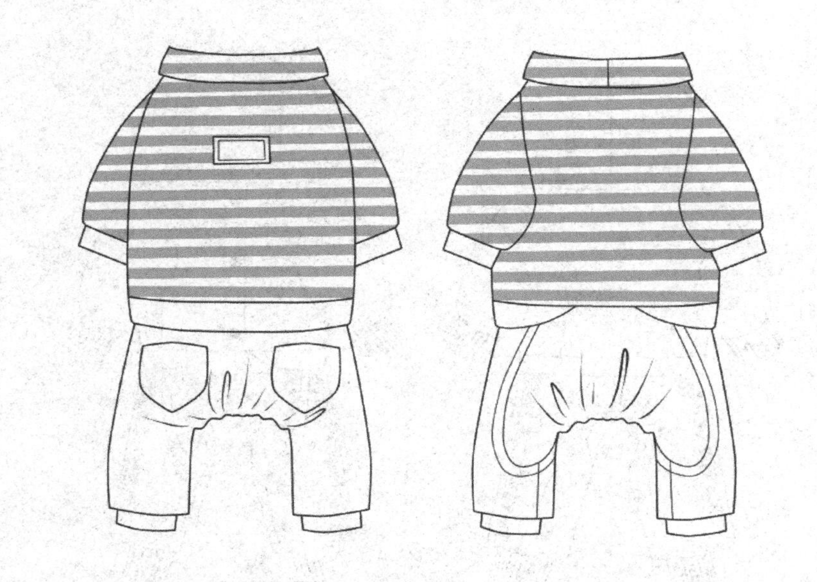

部位	身长	胸围	领围
尺寸	31	45	32

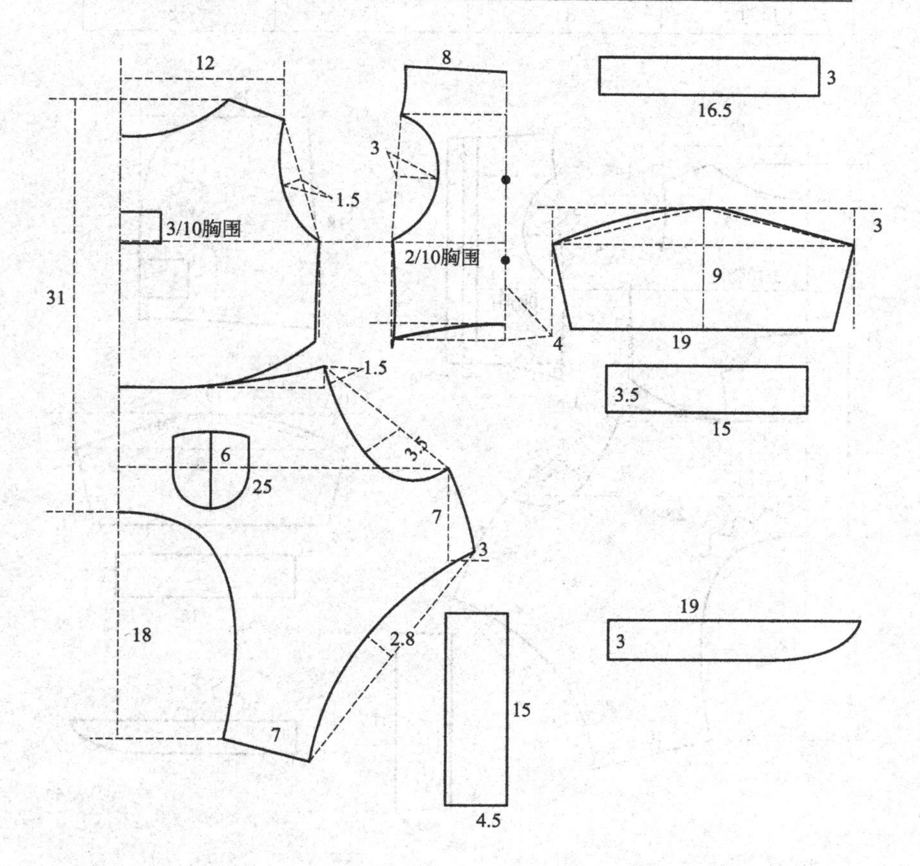

55. 连体衣 B 款

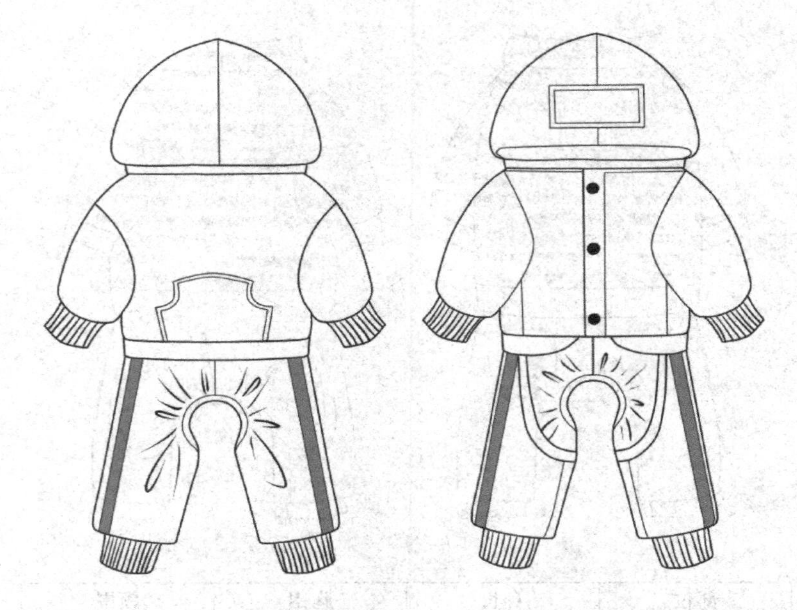

部位	身长	胸围	领围
尺寸	31	45	32

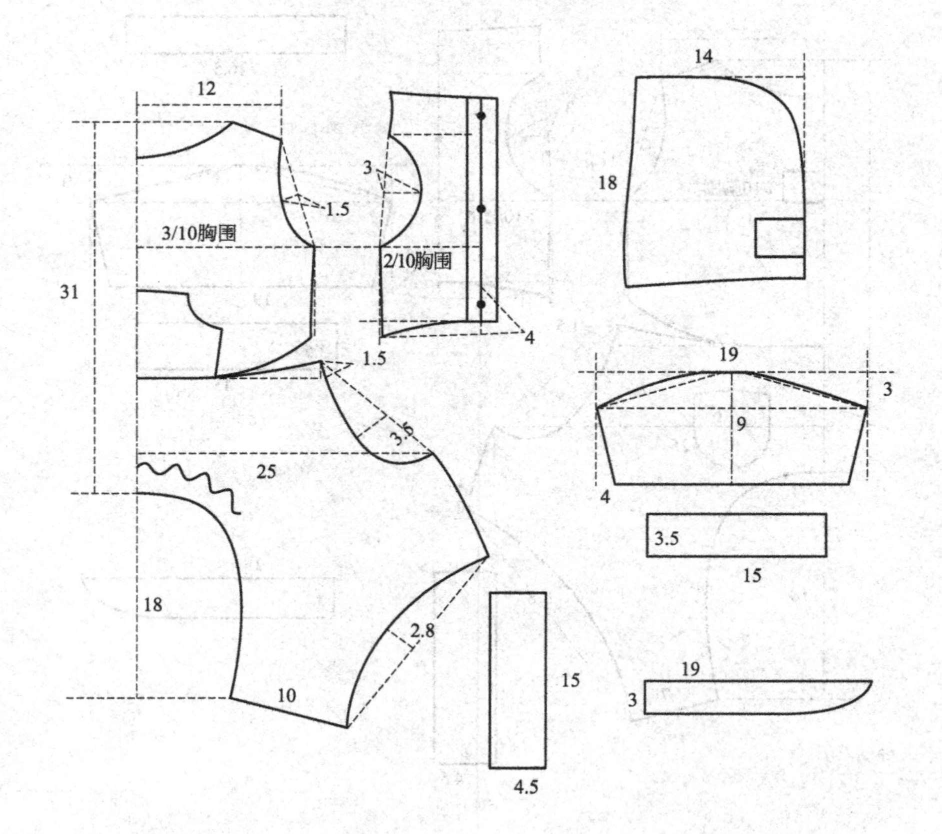

56. V领连体衣

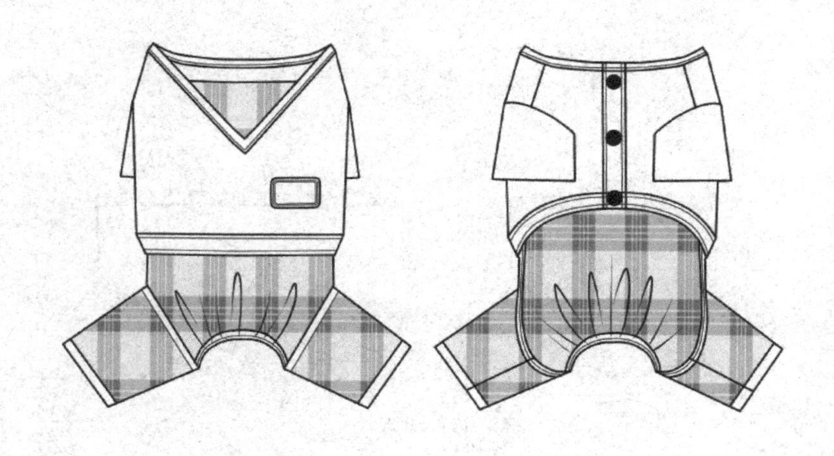

部位	身长	胸围	领围
尺寸	31	45	32

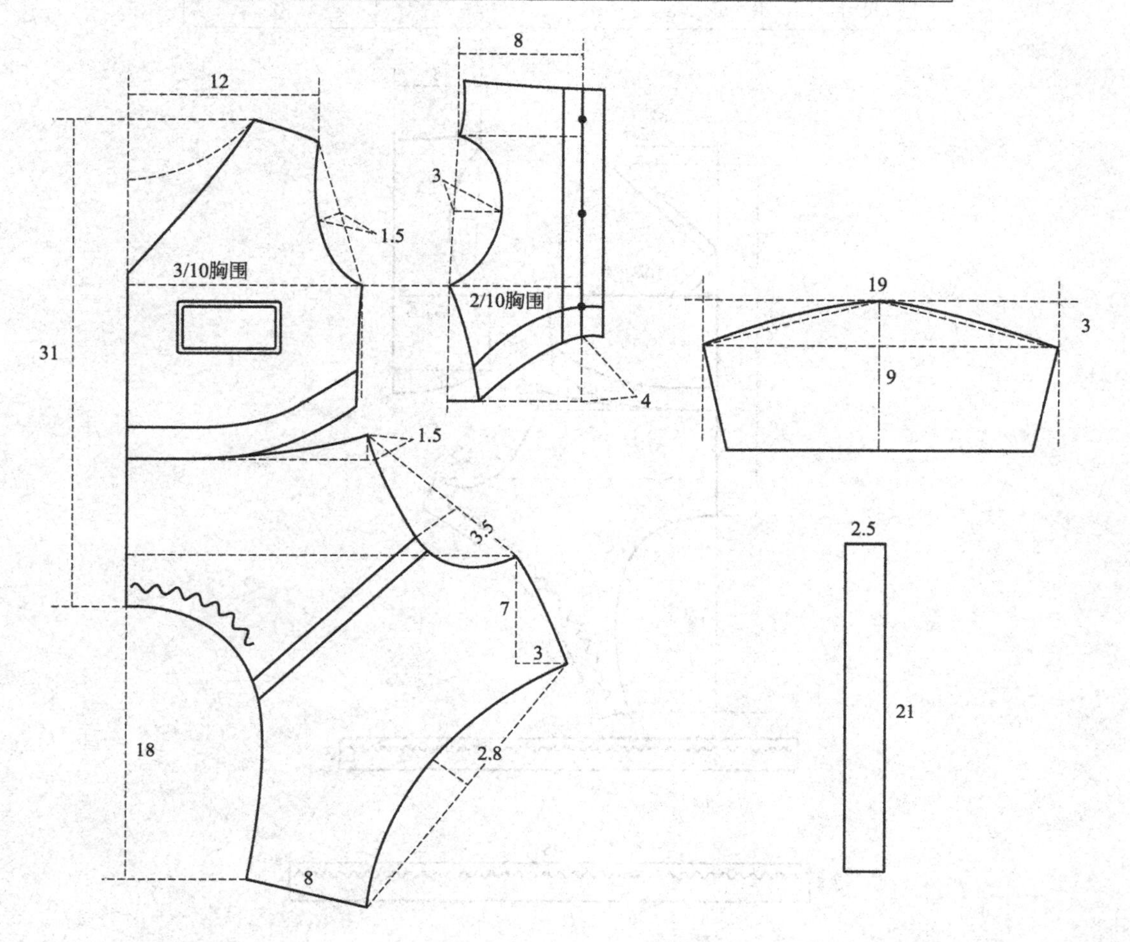

57. 吊带连体衣

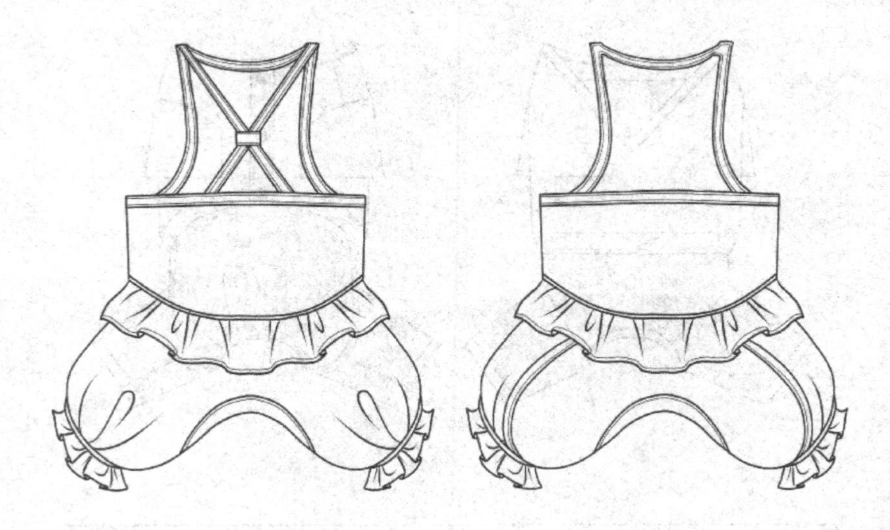

部位	身长	胸围	领围
尺寸	31	45	32

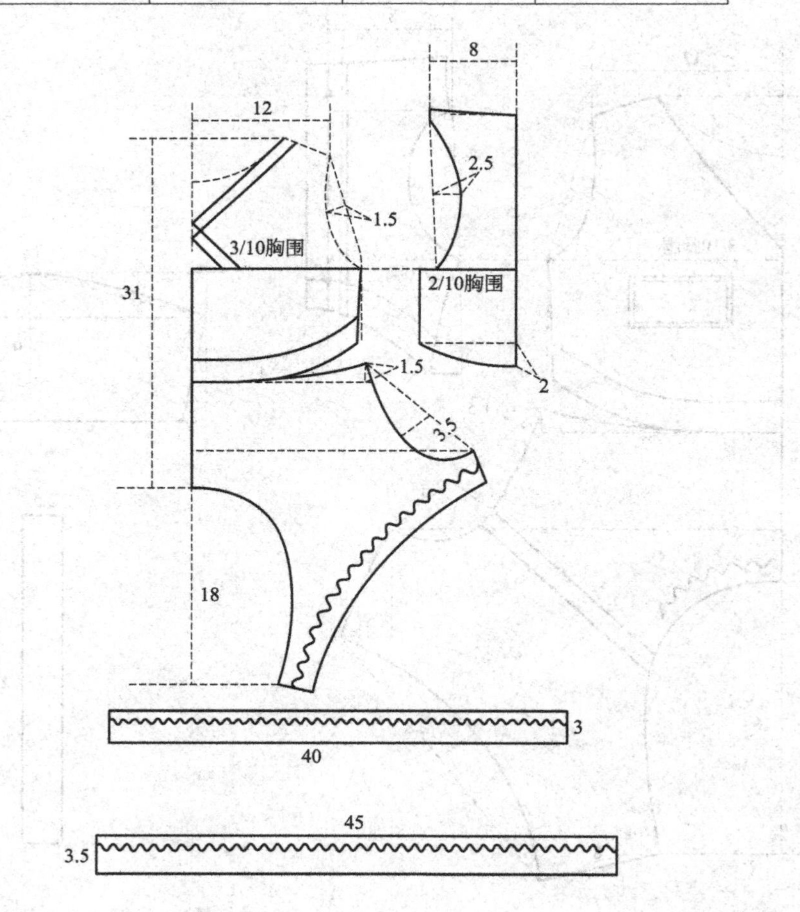

58. 卡通连体衣

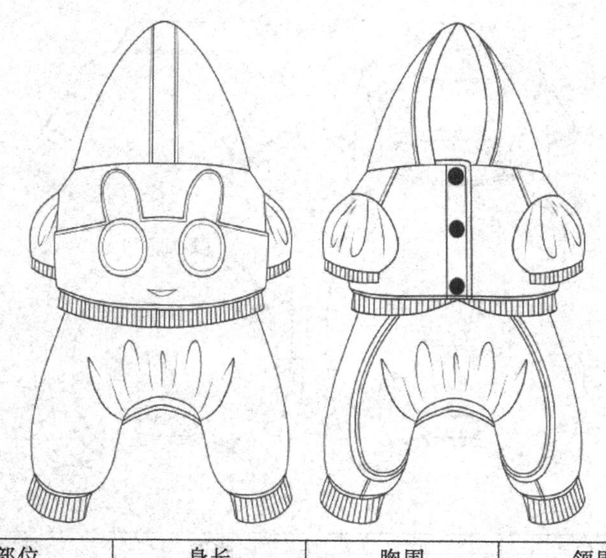

部位	身长	胸围	领围
尺寸	31	45	32

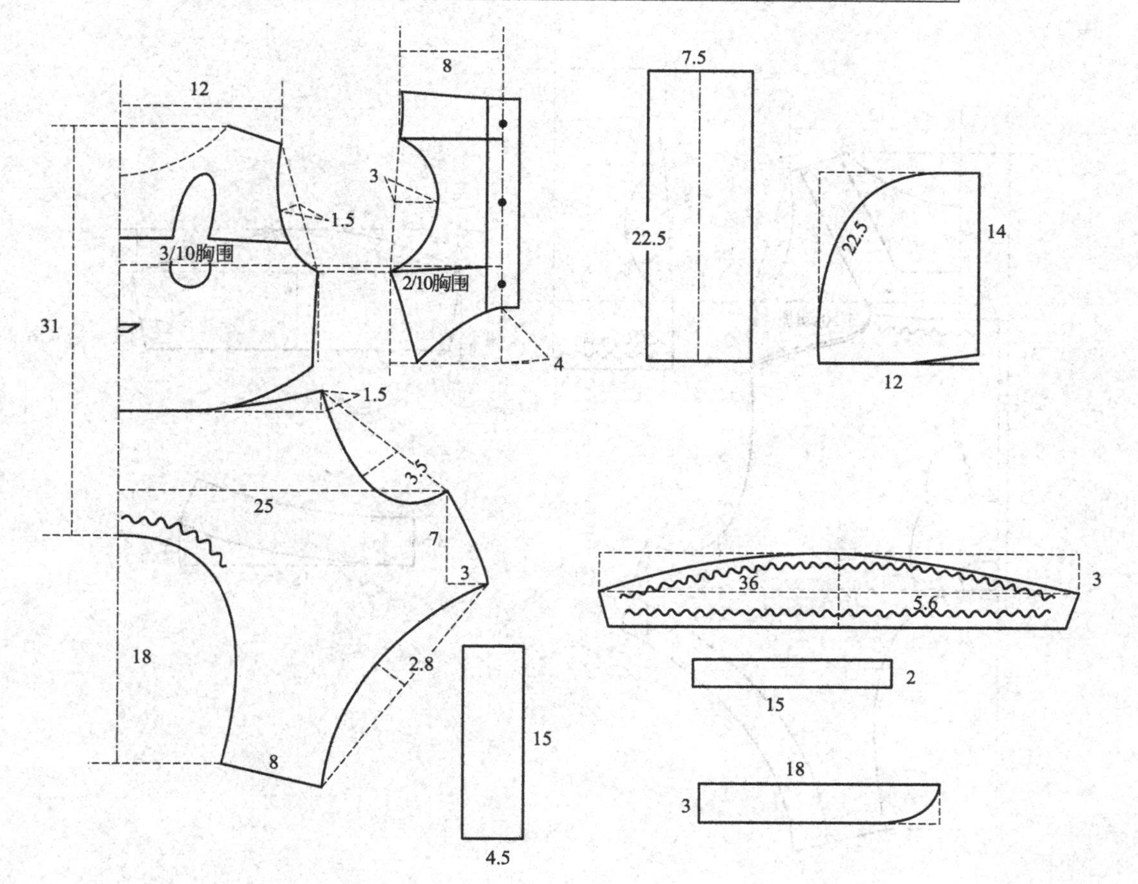

59. 可爱背带裤连体服

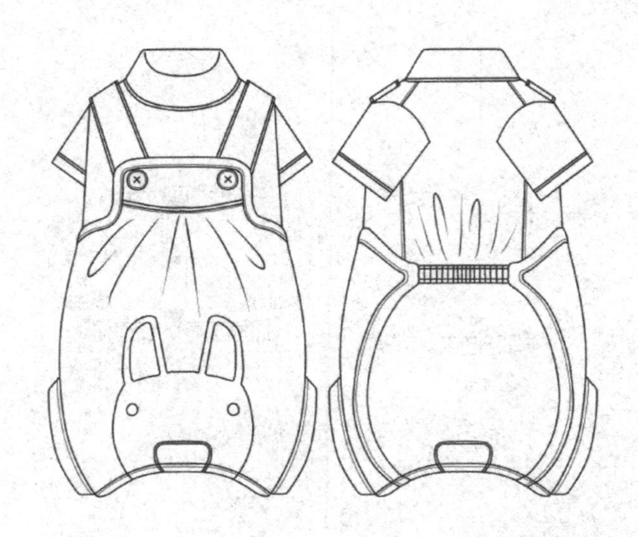

部位	身长	胸围	领围
尺寸	31	45	32

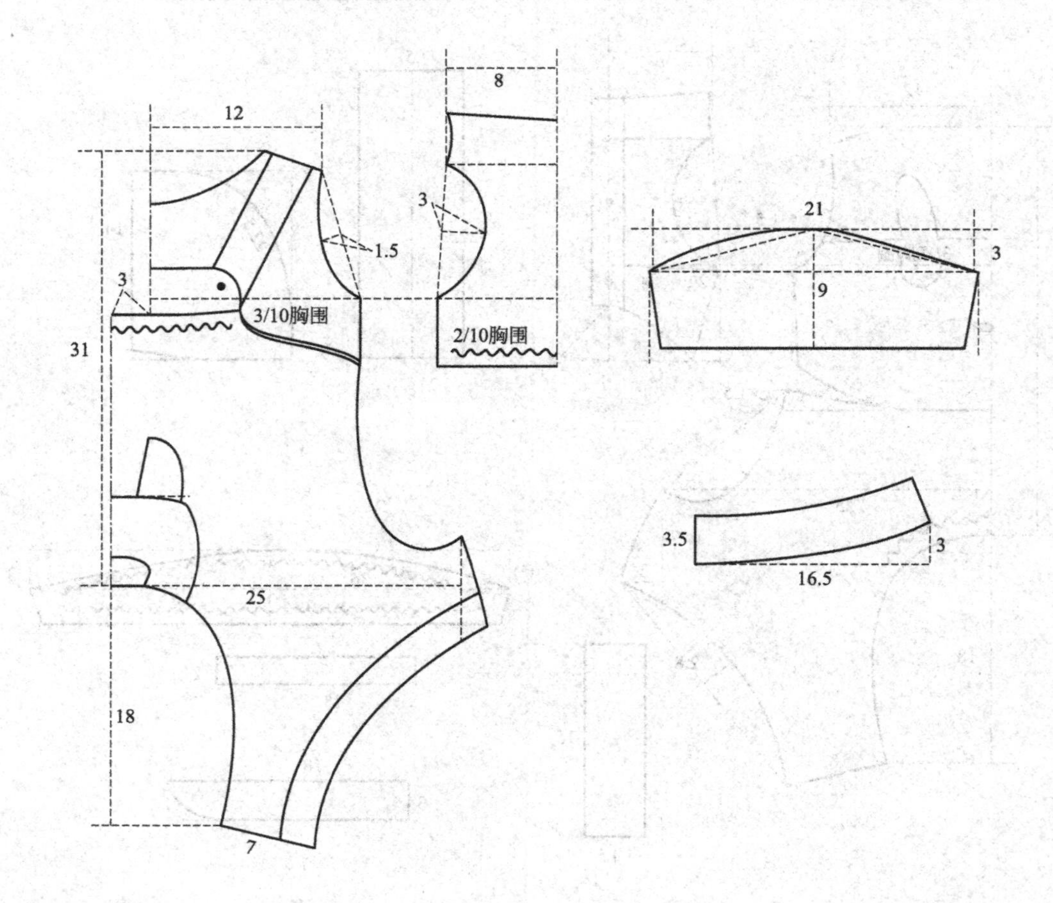

60. 可爱连体服 A 款

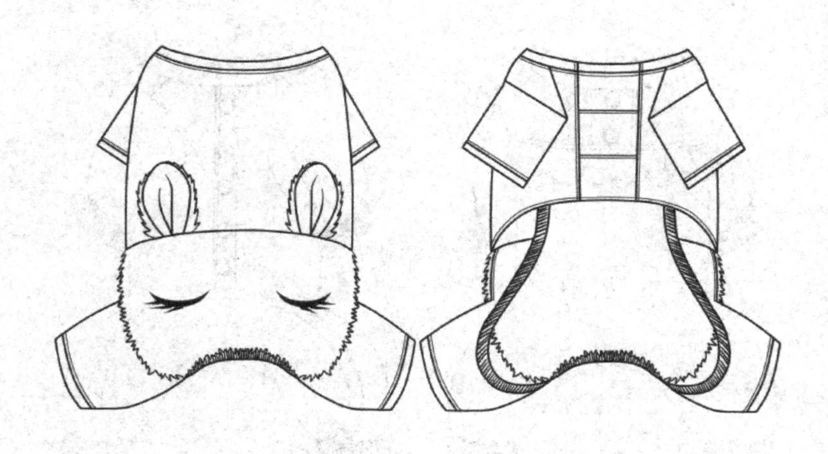

部位	身长	胸围	领围
尺寸	31	45	32

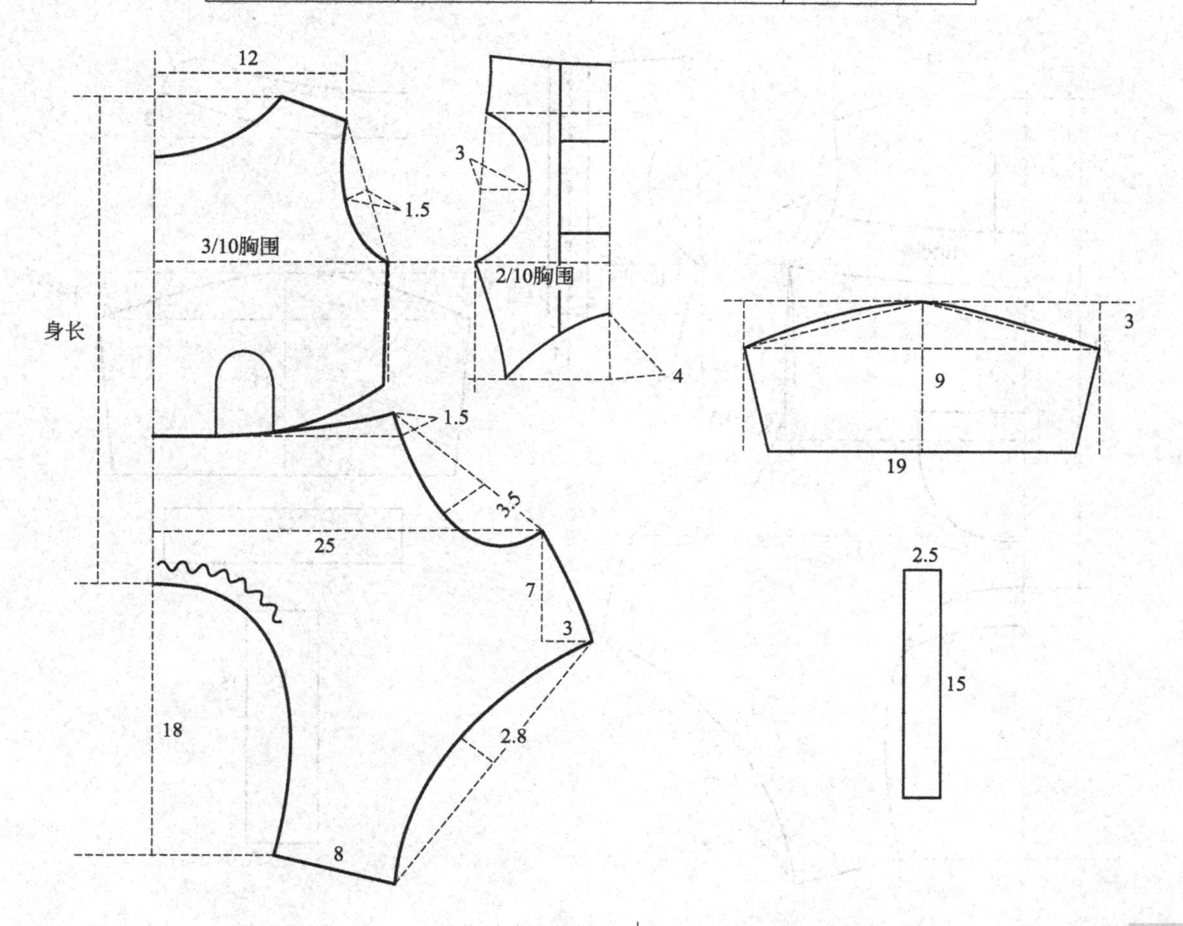

61. 可爱连体服 B 款

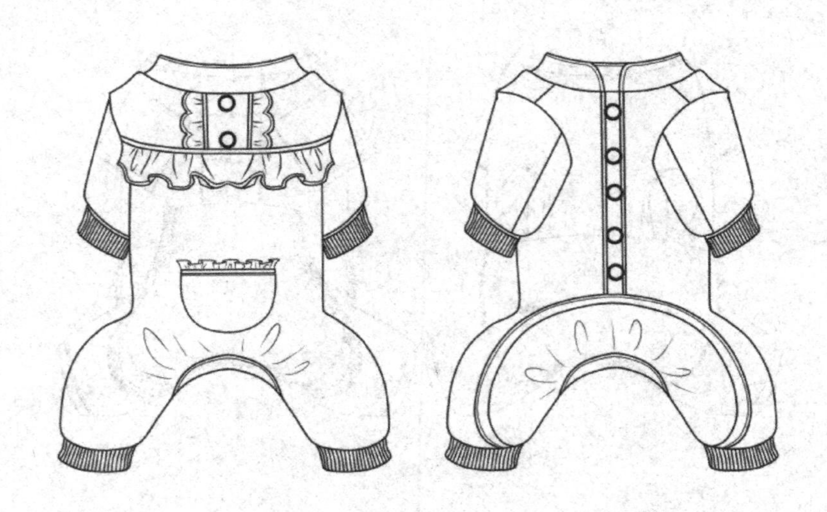

部位	身长	胸围	领围
尺寸	31	45	32

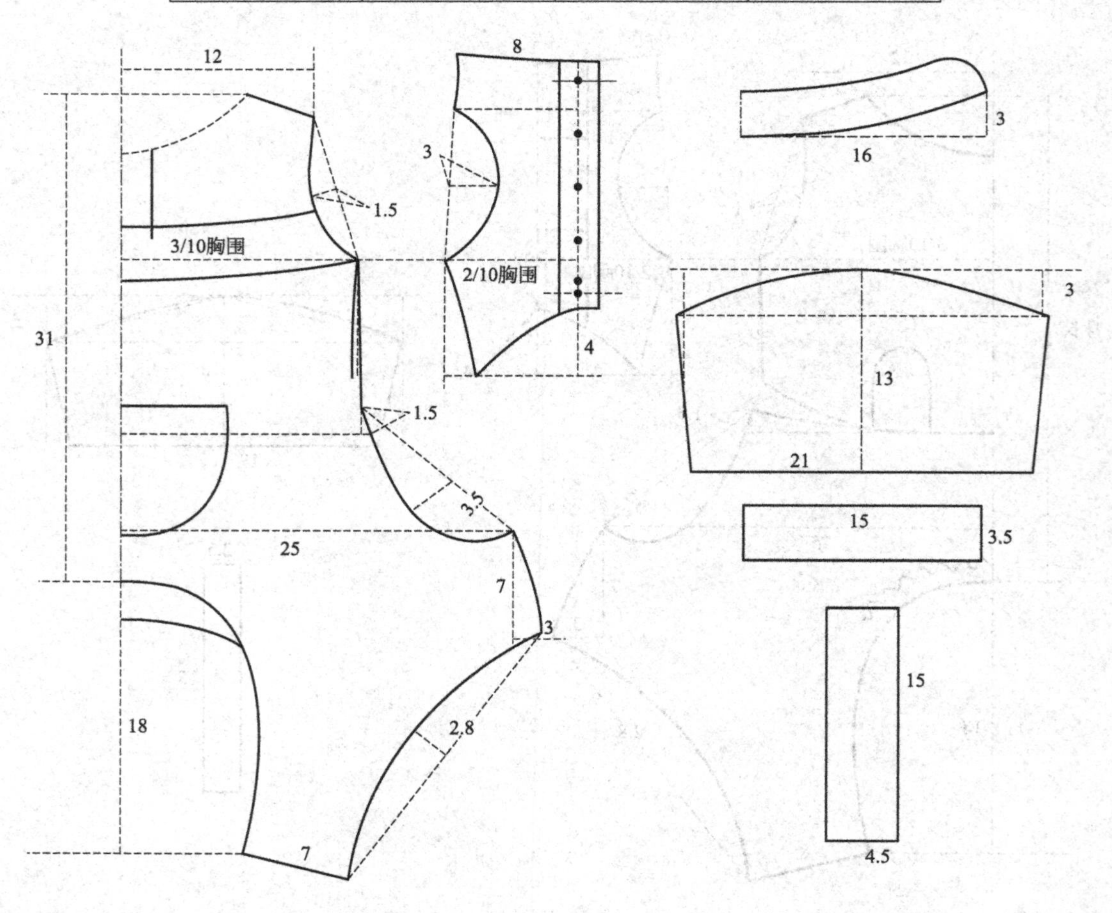

62. 披肩假两件连体衣

部位	身长	胸围	领围
尺寸	31	45	32

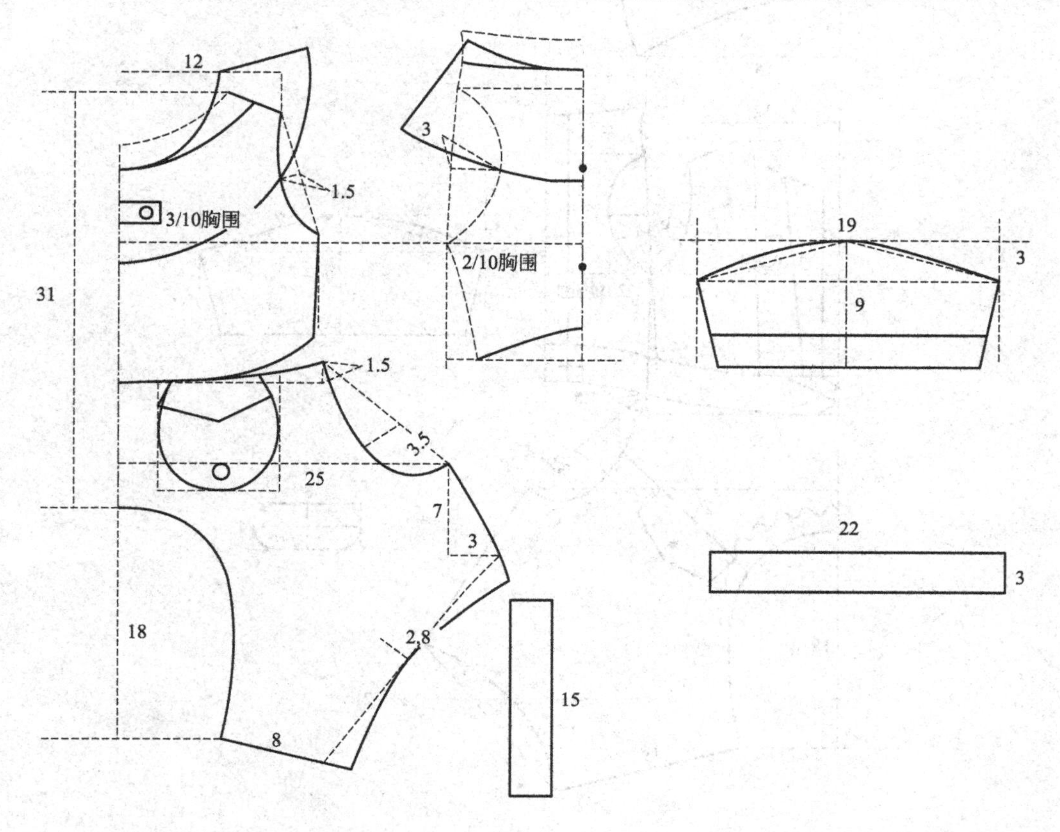

63. 连体服

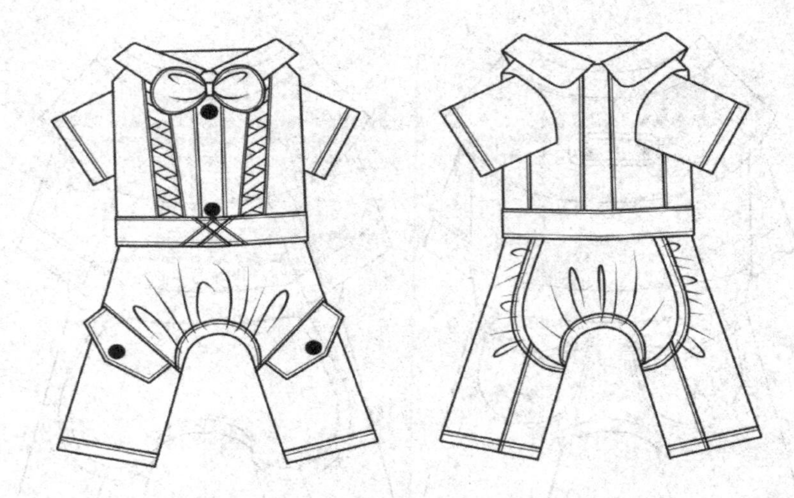

部位	身长	胸围	领围
尺寸	31	45	32

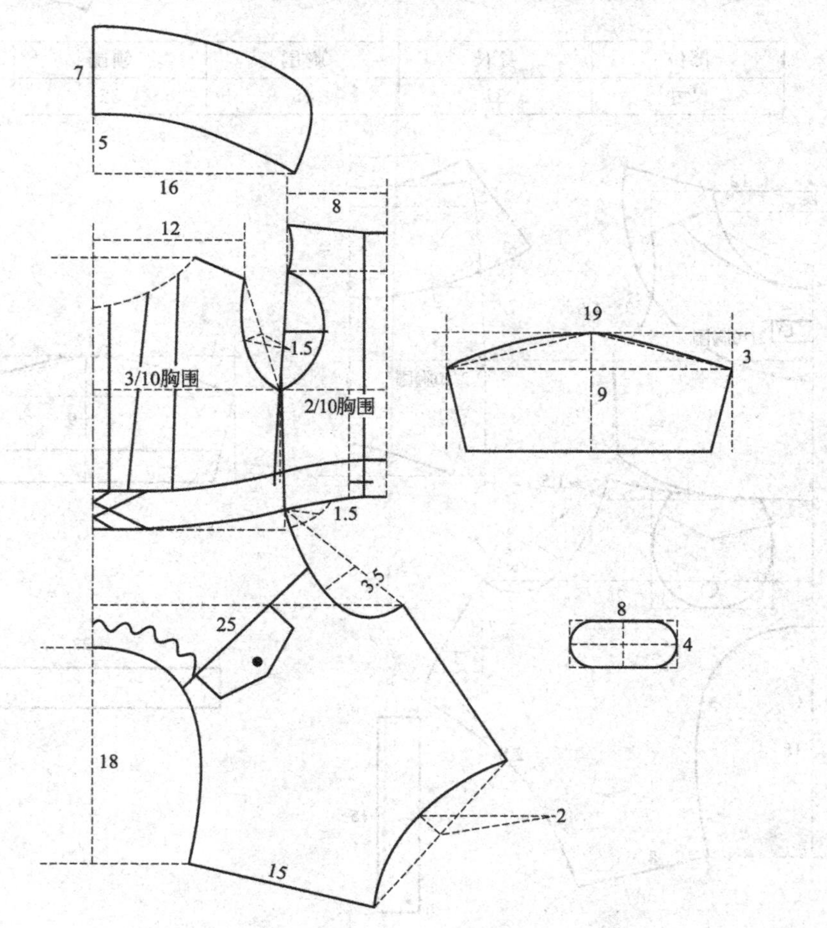

64. 背带裤 A 款

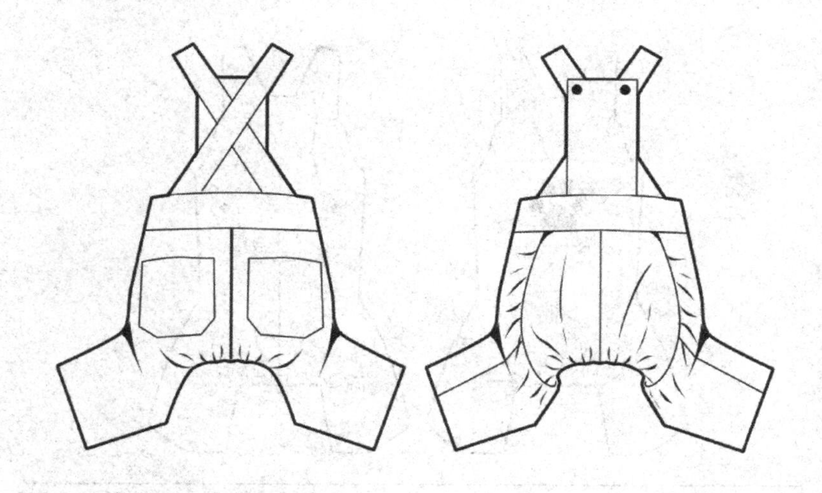

部位	身长	胸围	领围
尺寸	23	42	32

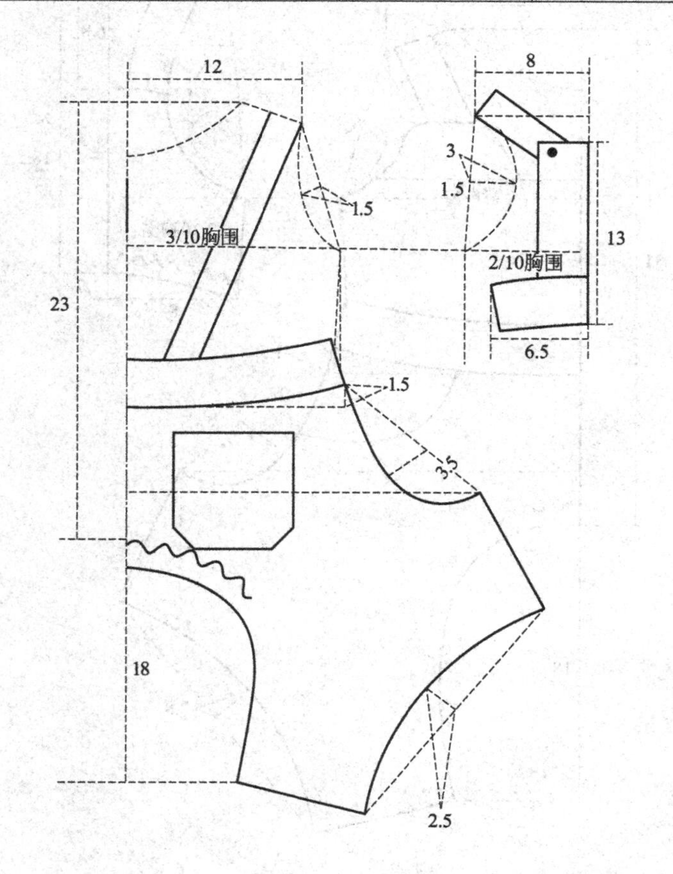

65. 背带裤 B 款

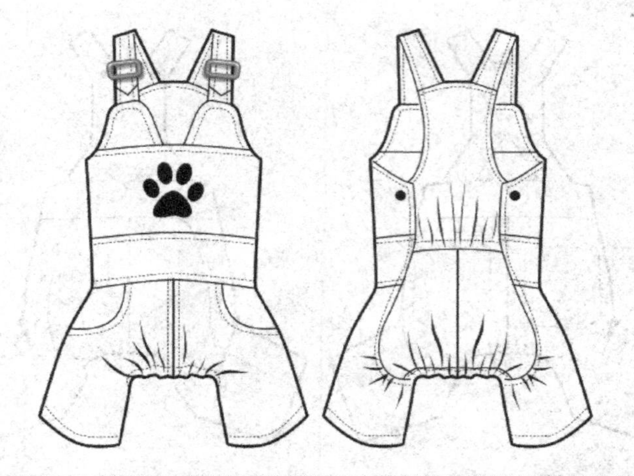

部位	身长	胸围	领围
尺寸	31	45	32

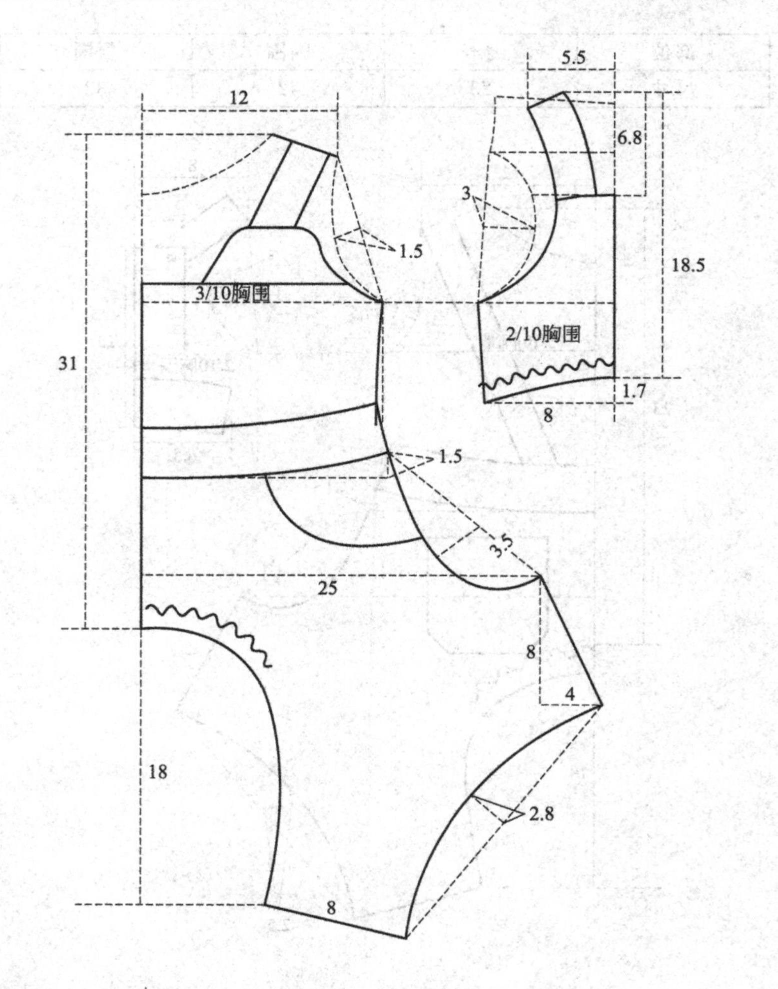

66. 背带裤套装

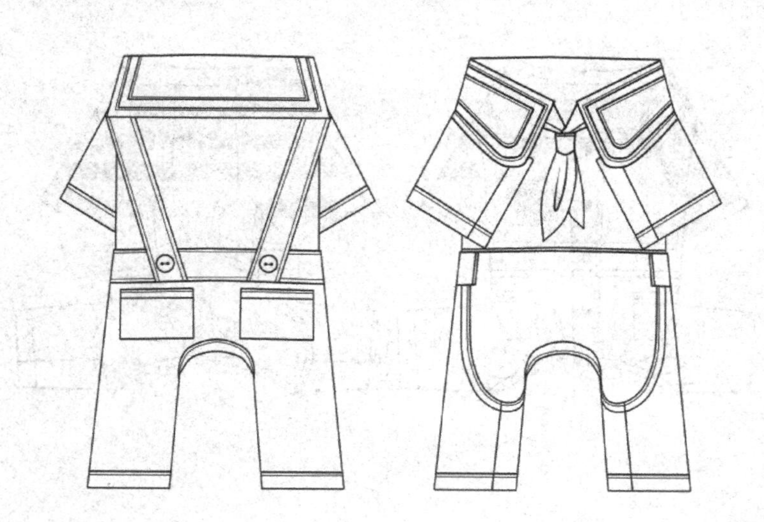

部位	身长	胸围	领围
尺寸	31	45	32

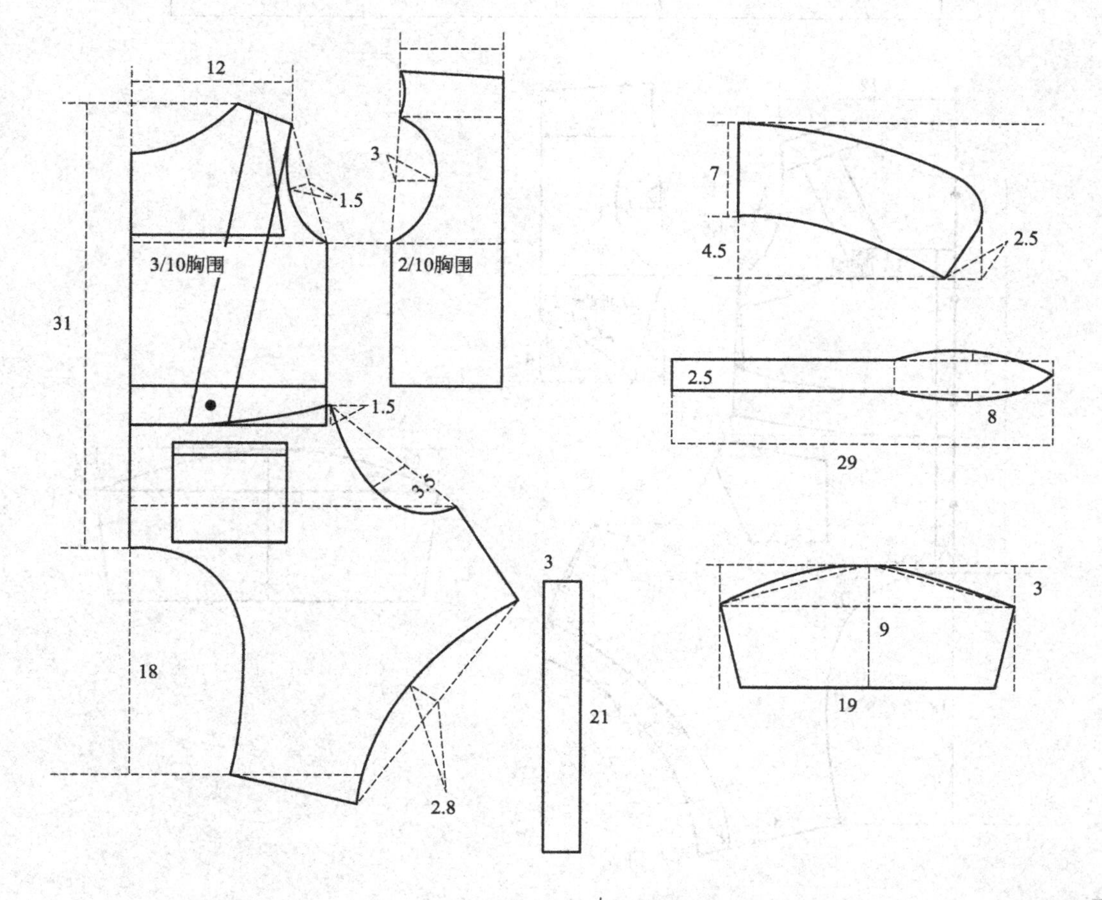

67. 假两件背带裤

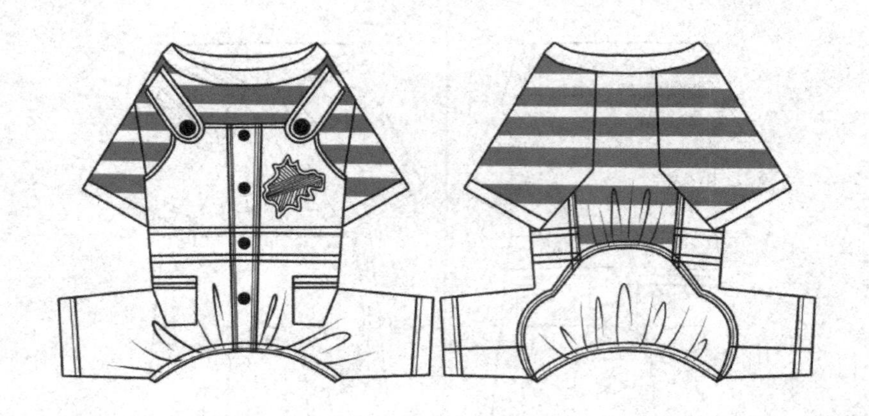

部位	身长	胸围	领围
尺寸	26	45	32

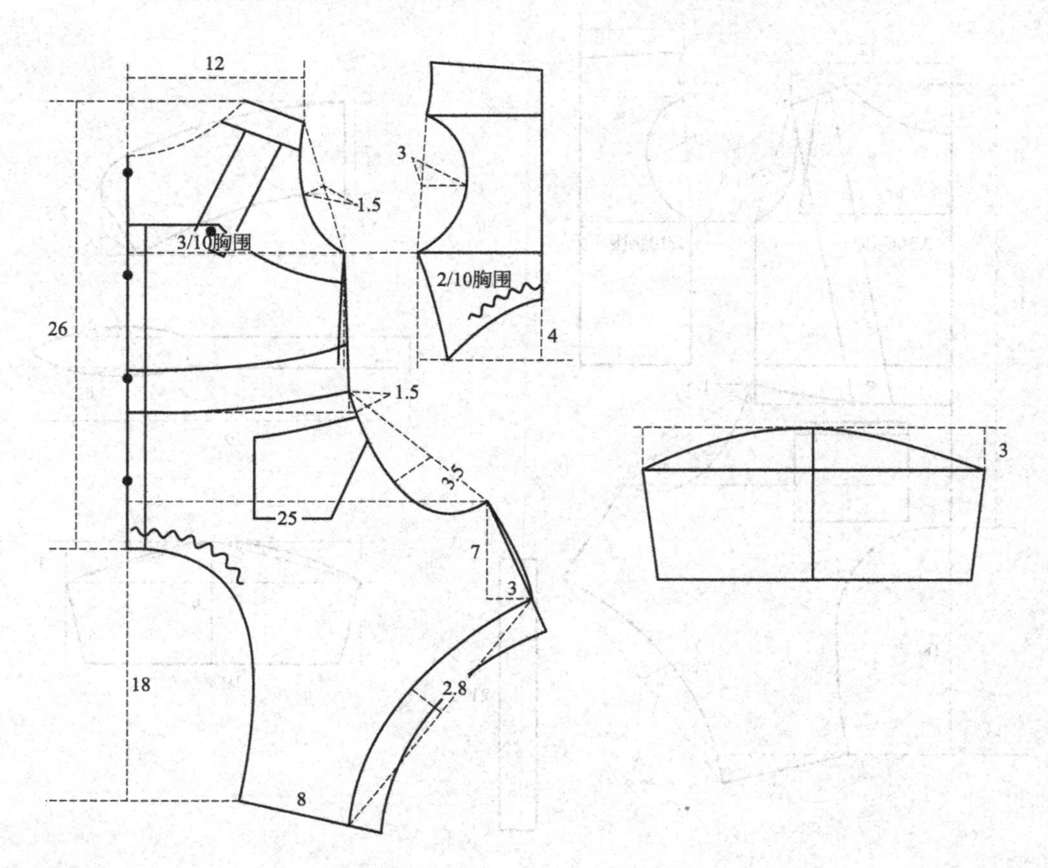

68. 牛仔背带裤

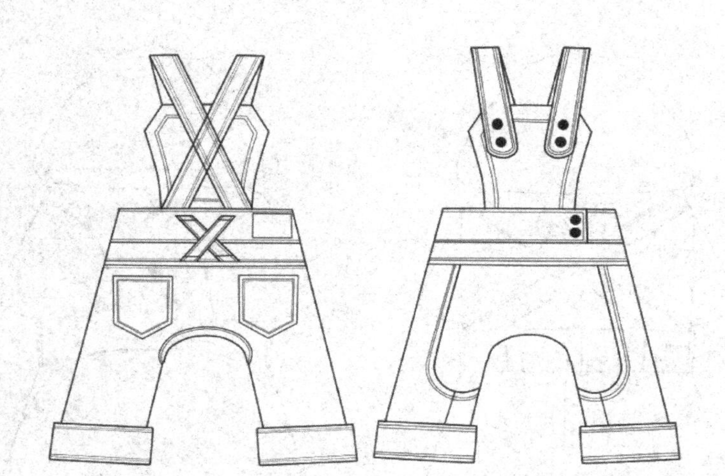

部位	身长	胸围	领围
尺寸	26	45	32

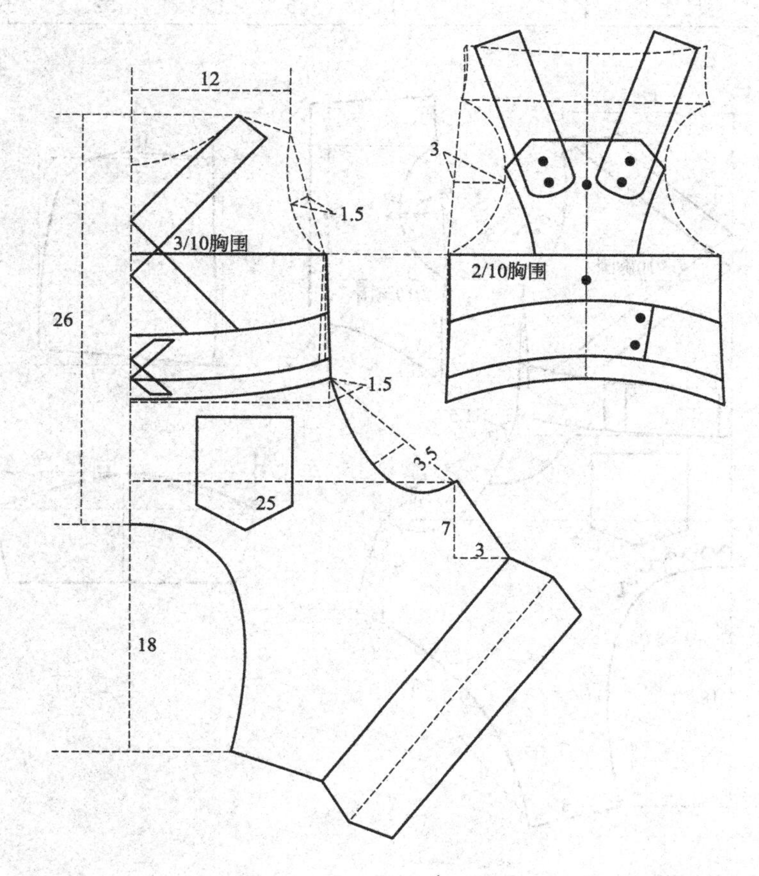

69. 牛仔背带裤套装

部位	身长	胸围	领围
尺寸	31	45	32

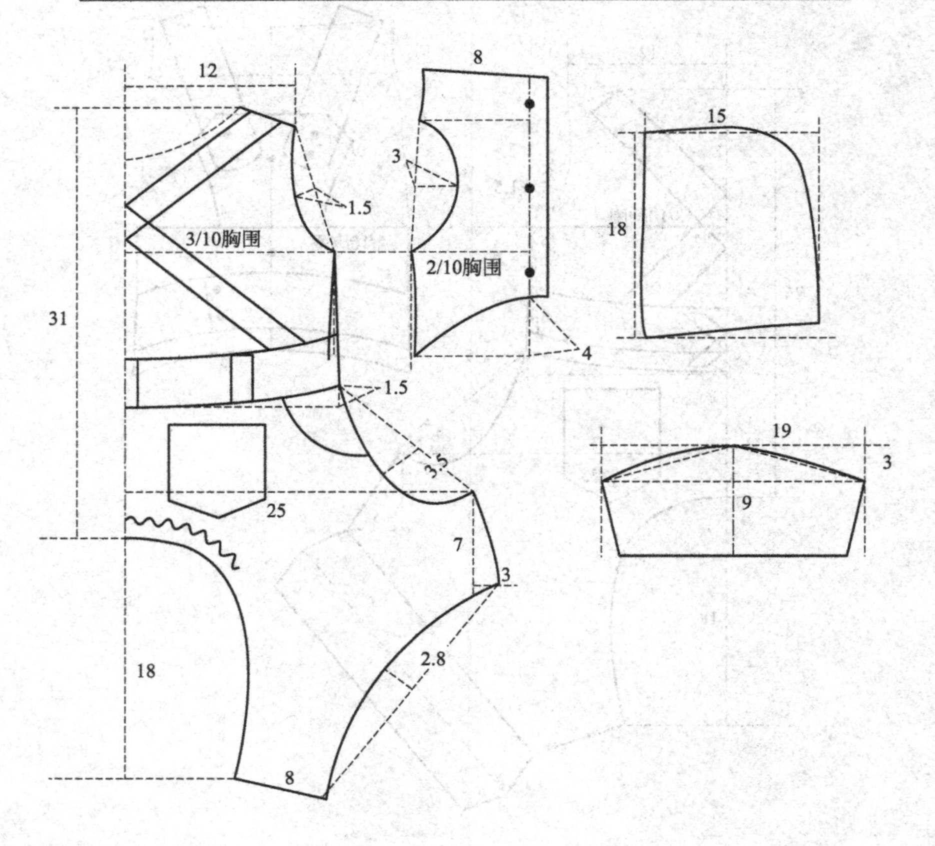

70. 背带生理裤

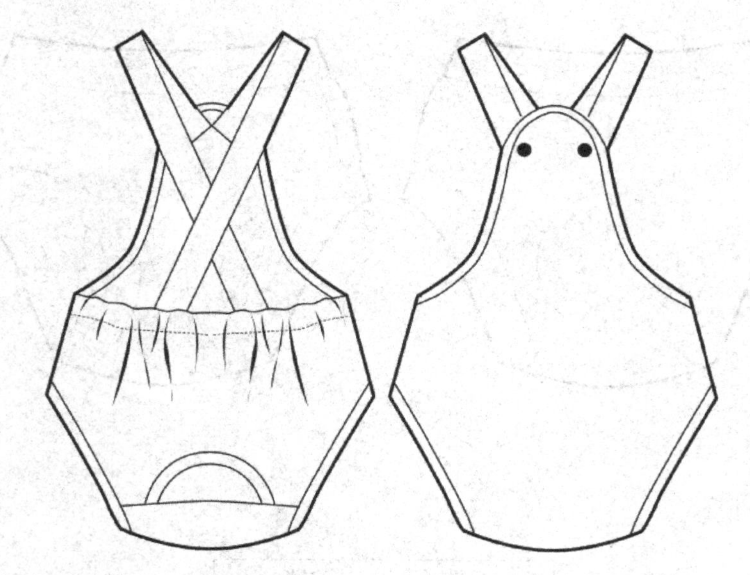

部位	身长	胸围	领围
尺寸	31	45	32

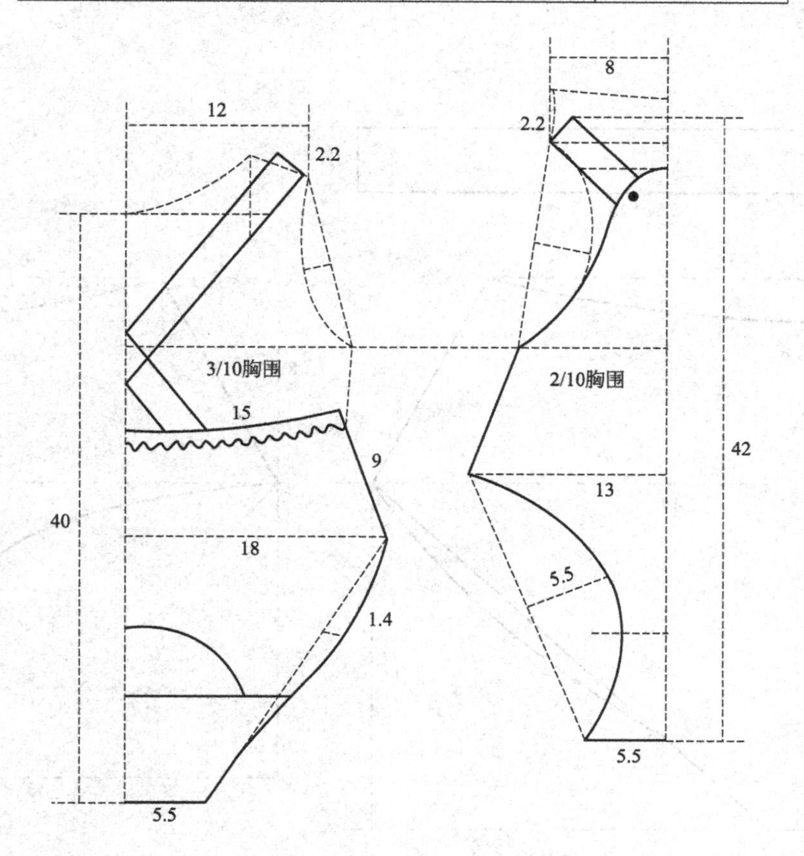

71. 生理裤

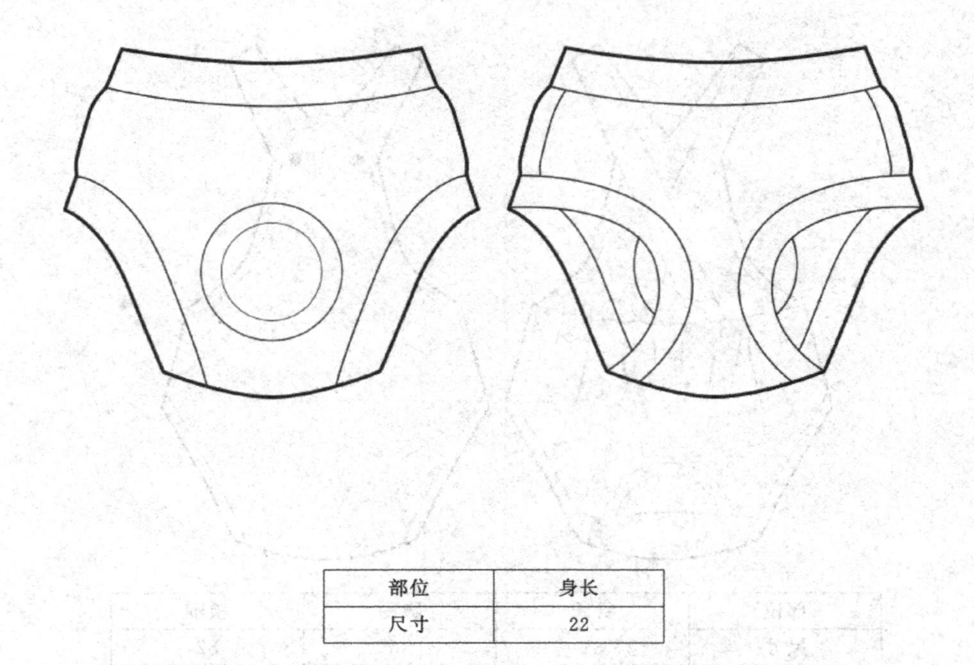

部位	身长
尺寸	22

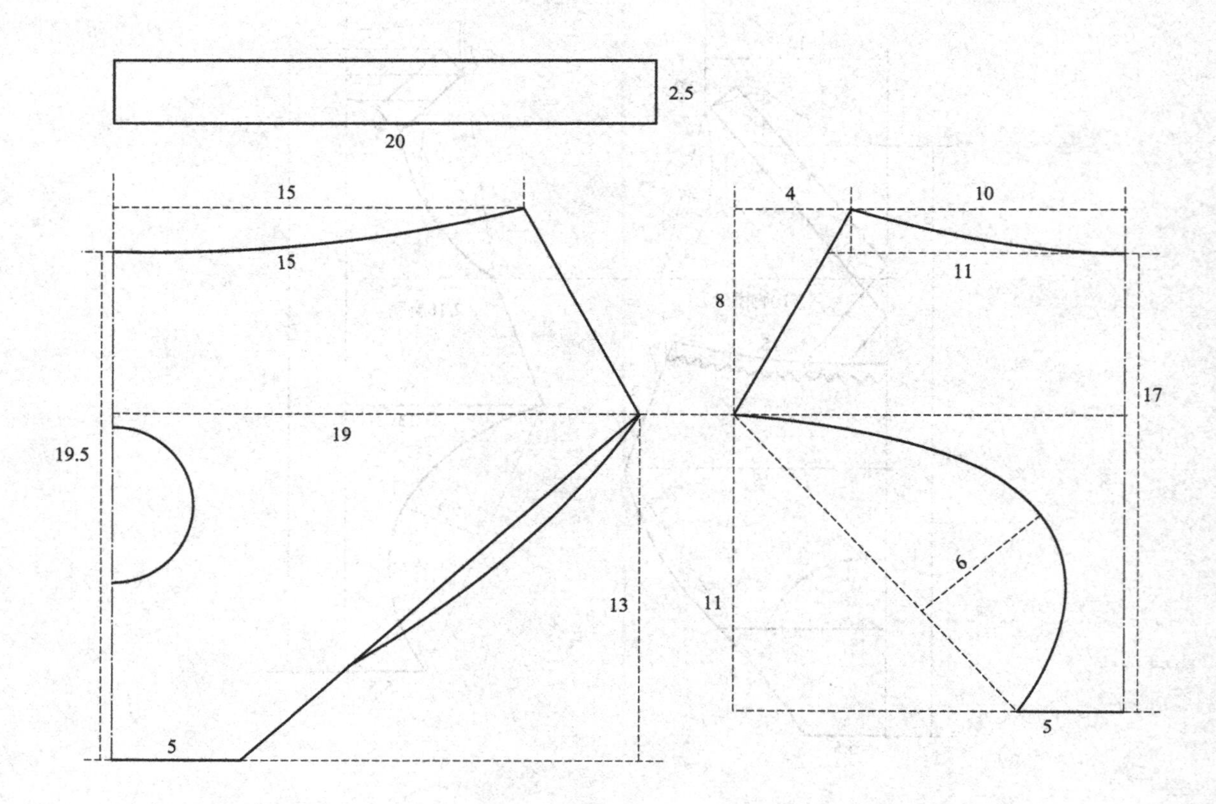

72. 花边生理裤

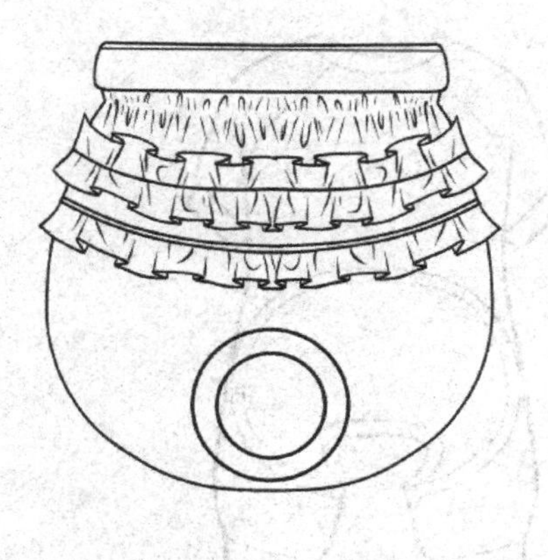

部位	身长	胸围	领围
尺寸	31	45	32

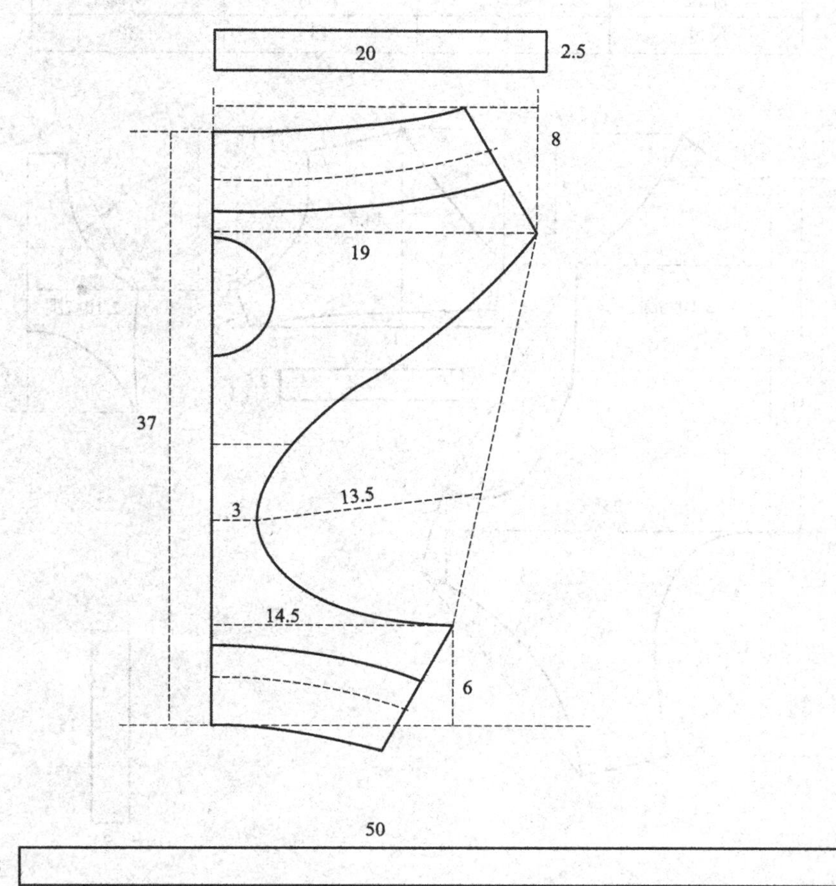

73. 四脚服A款

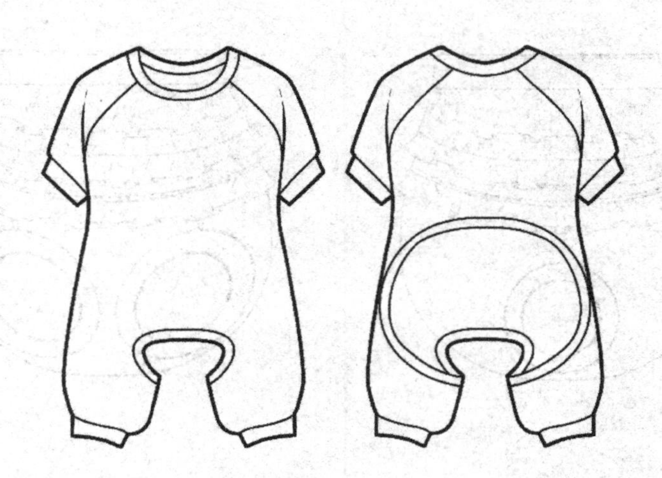

部位	身长	胸围	领围
尺寸	31	45	32

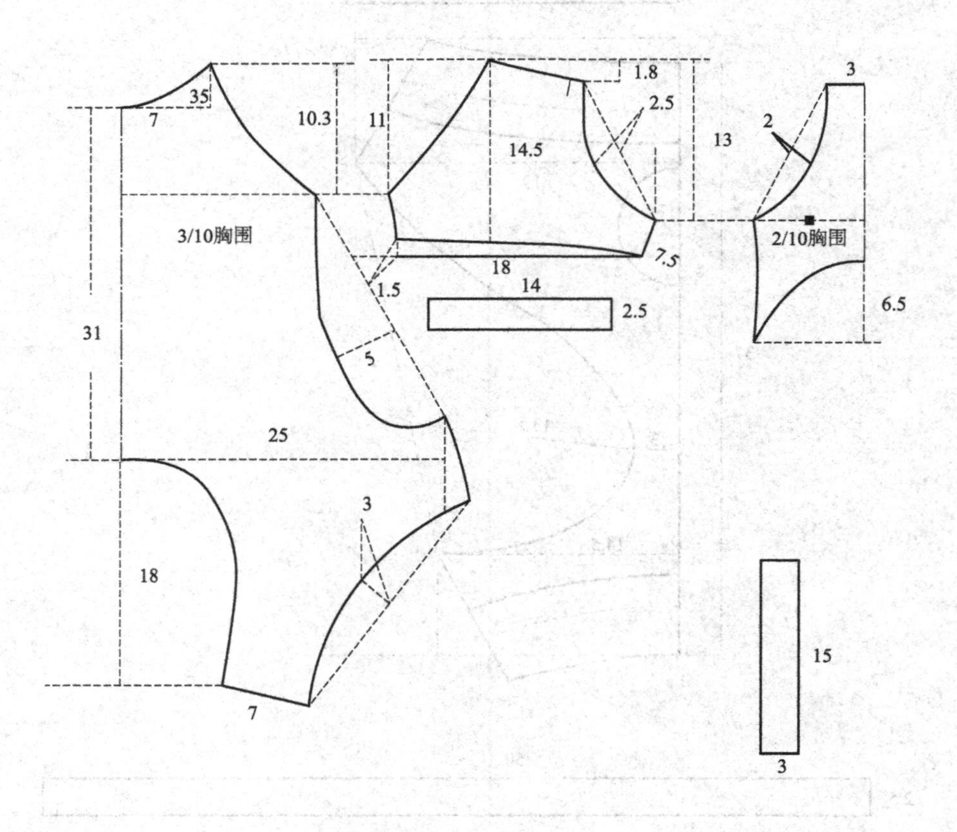

74. 四脚服 B 款

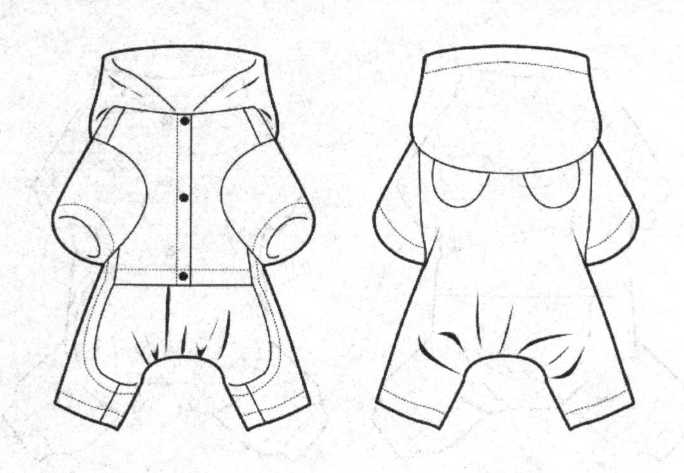

部位	身长	胸围	领围
尺寸	31	45	32

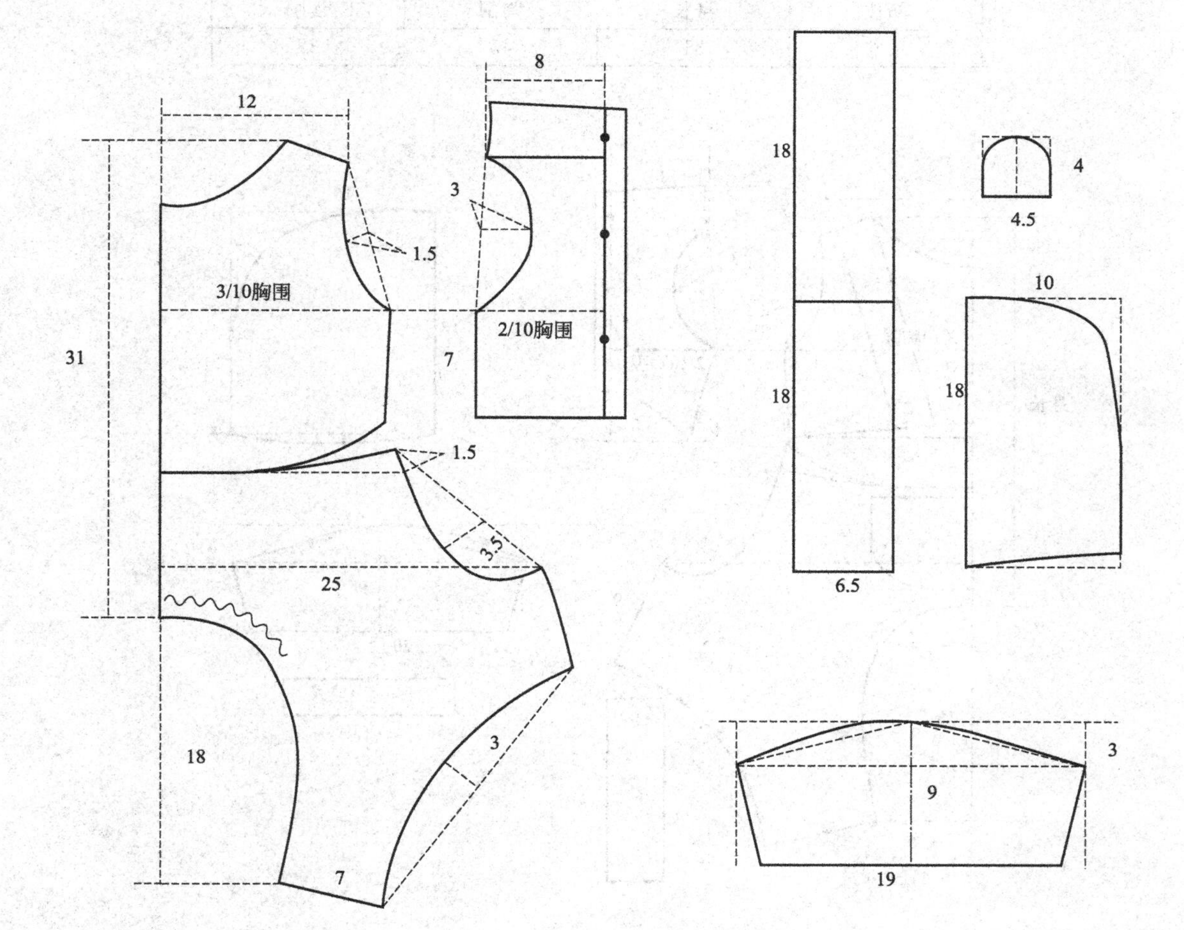

75. 假两件四脚服

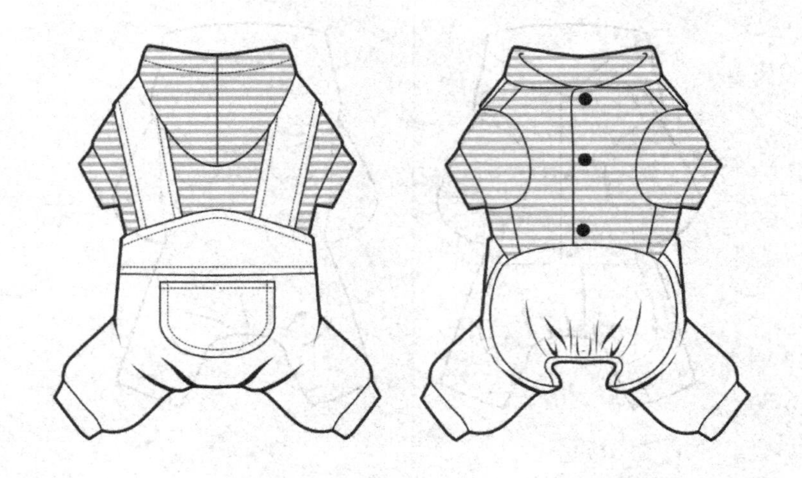

部位	身长	胸围	领围
尺寸	31	45	32

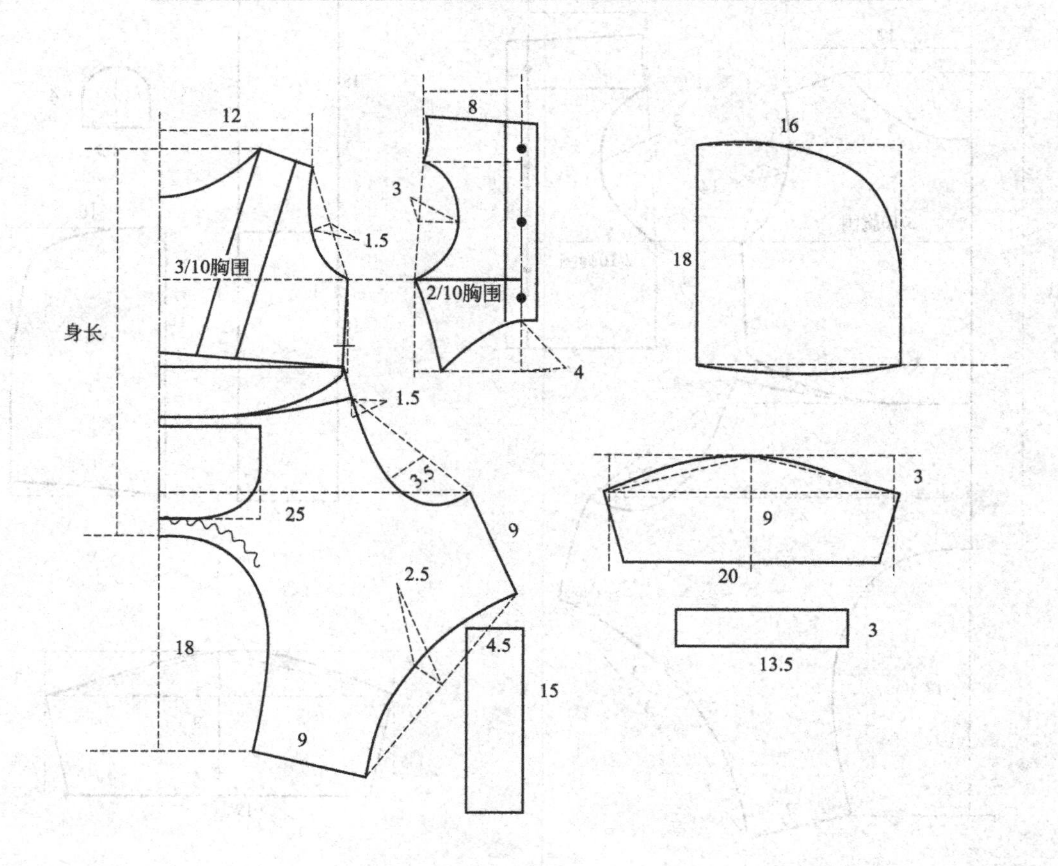

76. 西裤

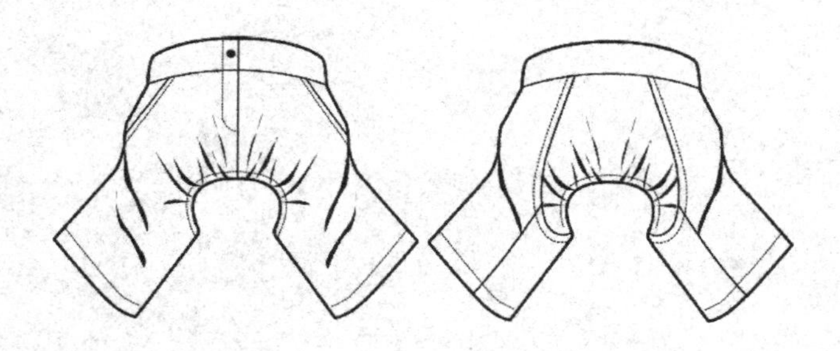

部位	身长	胸围
尺寸	30	45

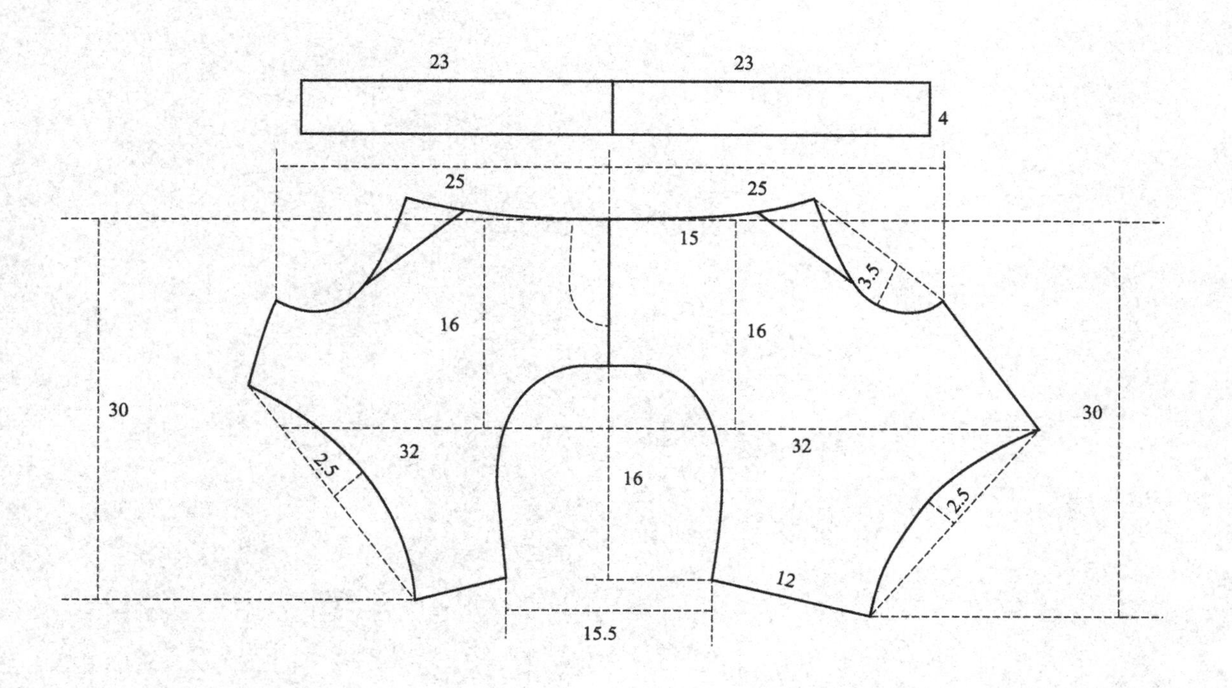

第四章 大衣、棉服、羽绒服

77. 呢子大衣 A 款

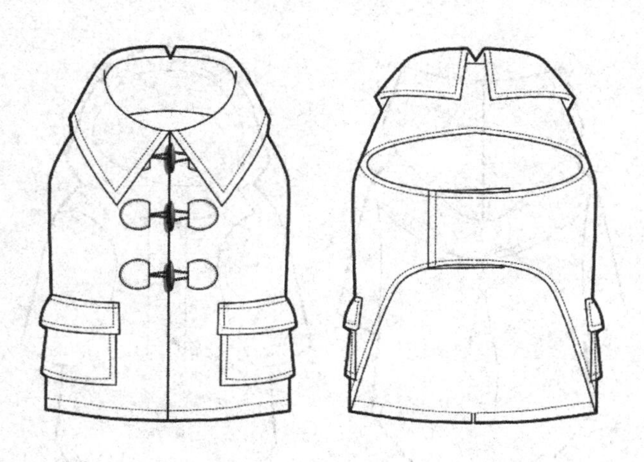

部位	身长	胸围	领围
尺寸	31	45	32

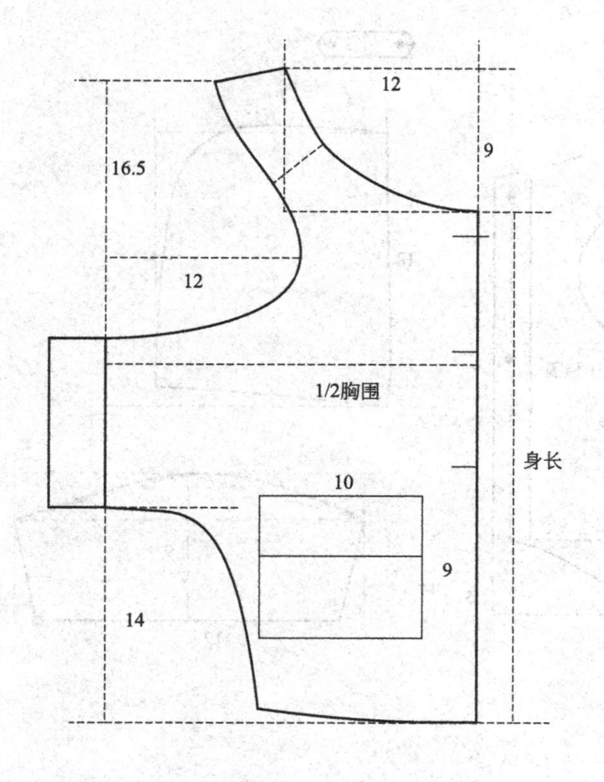

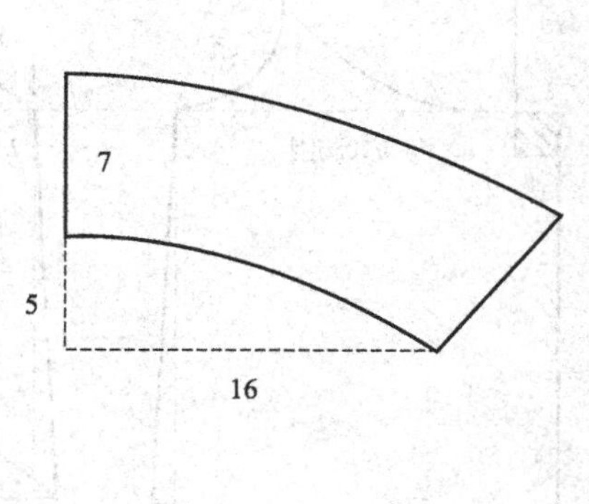

78. 呢子大衣 B 款

部位	身长	胸围	领围
尺寸	31	45	32

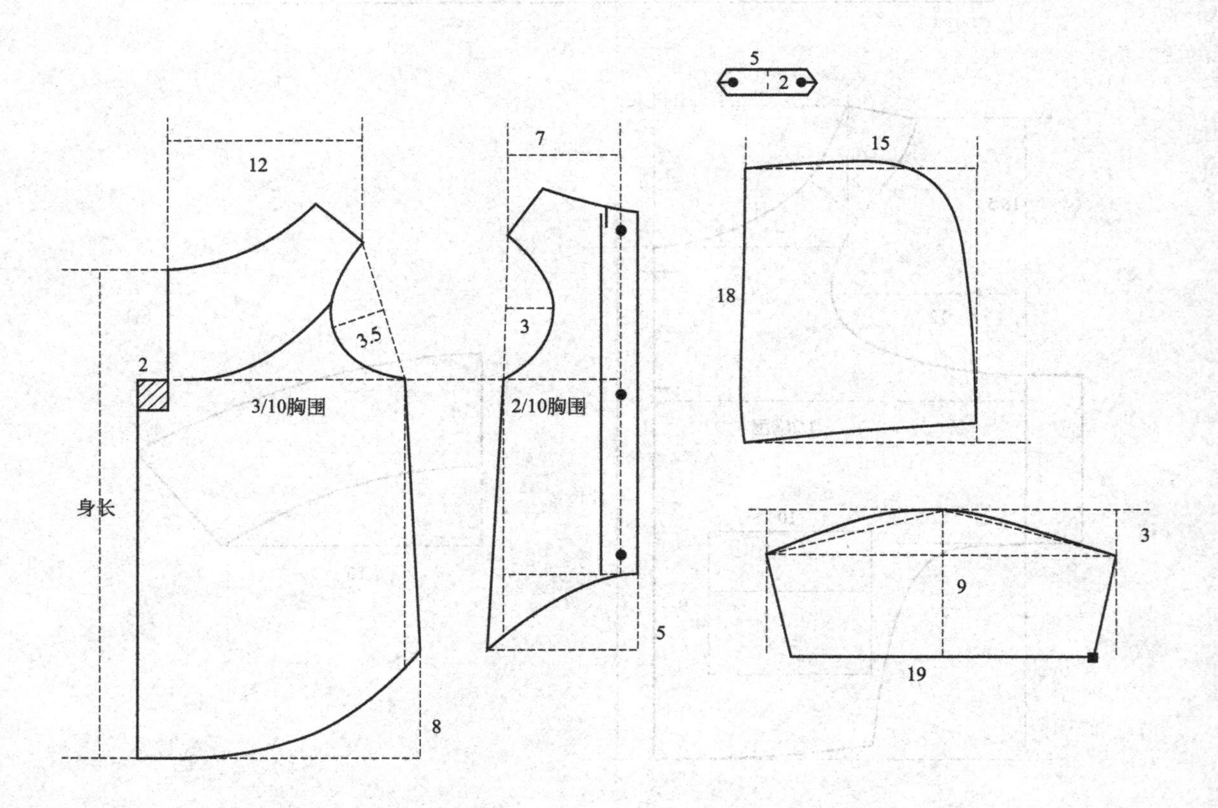

79. 格纹毛呢大衣

部位	身长	胸围	领围
尺寸	31	45	32

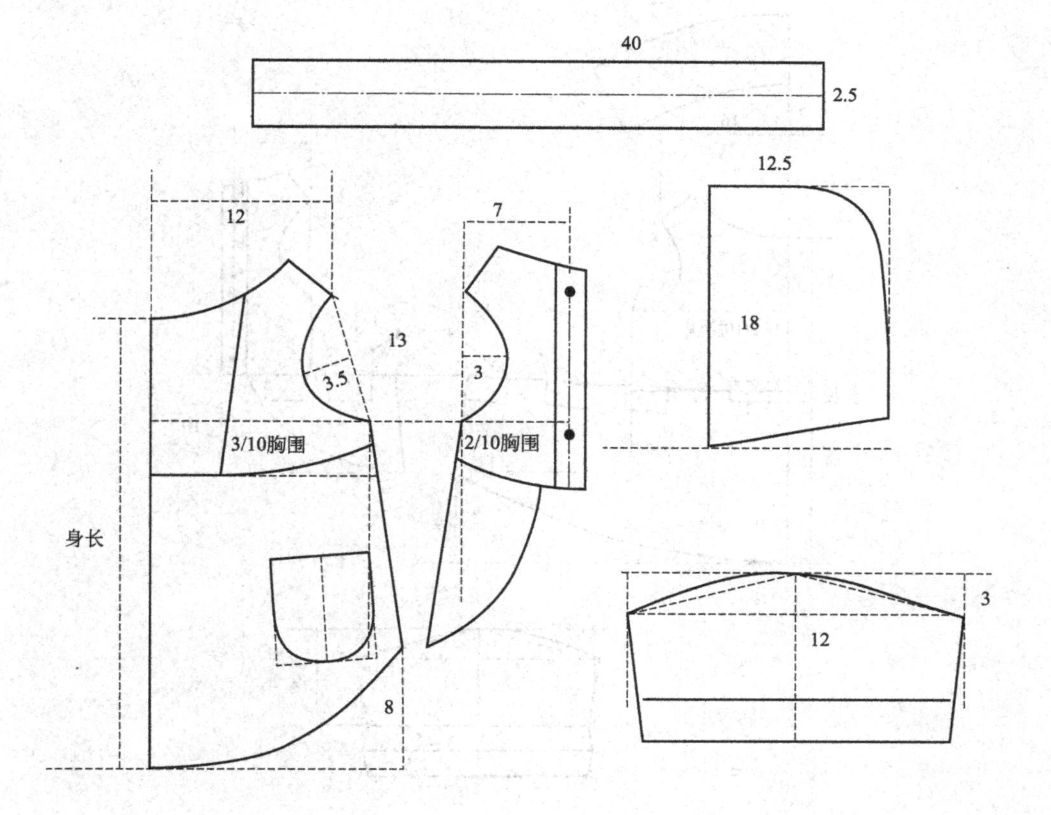

80. 毛领大衣

部位	身长	胸围	领围
尺寸	31	45	32

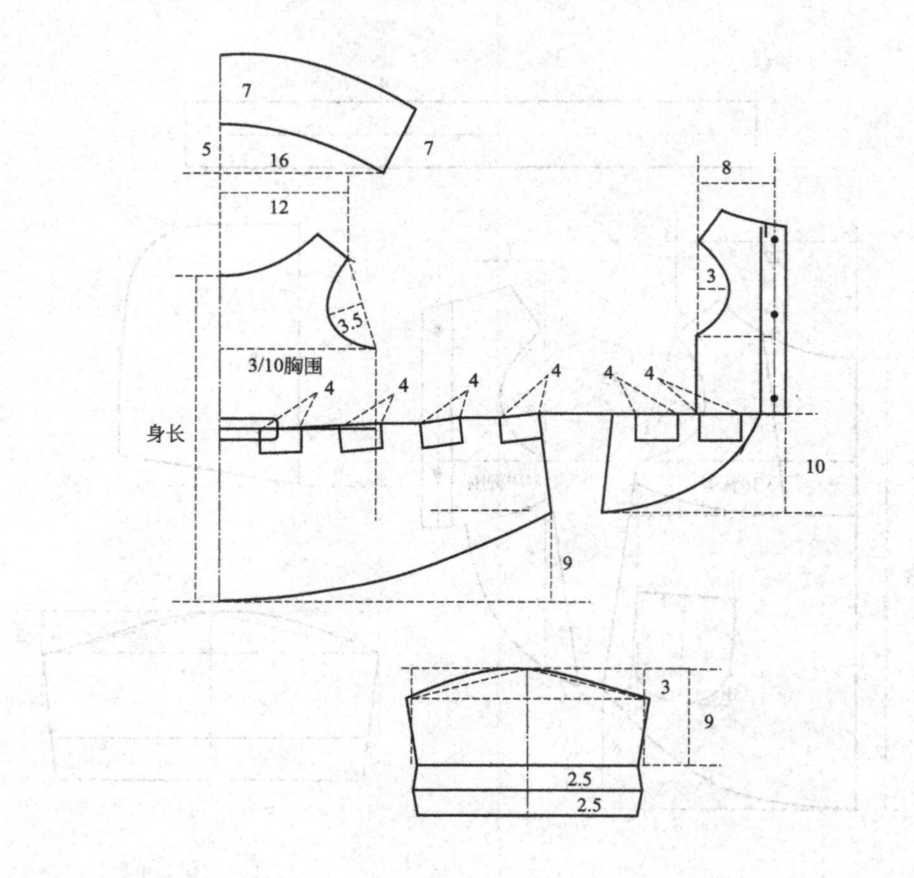

81. 毛呢大衣

部位	身长	胸围	领围
尺寸	31	45	32

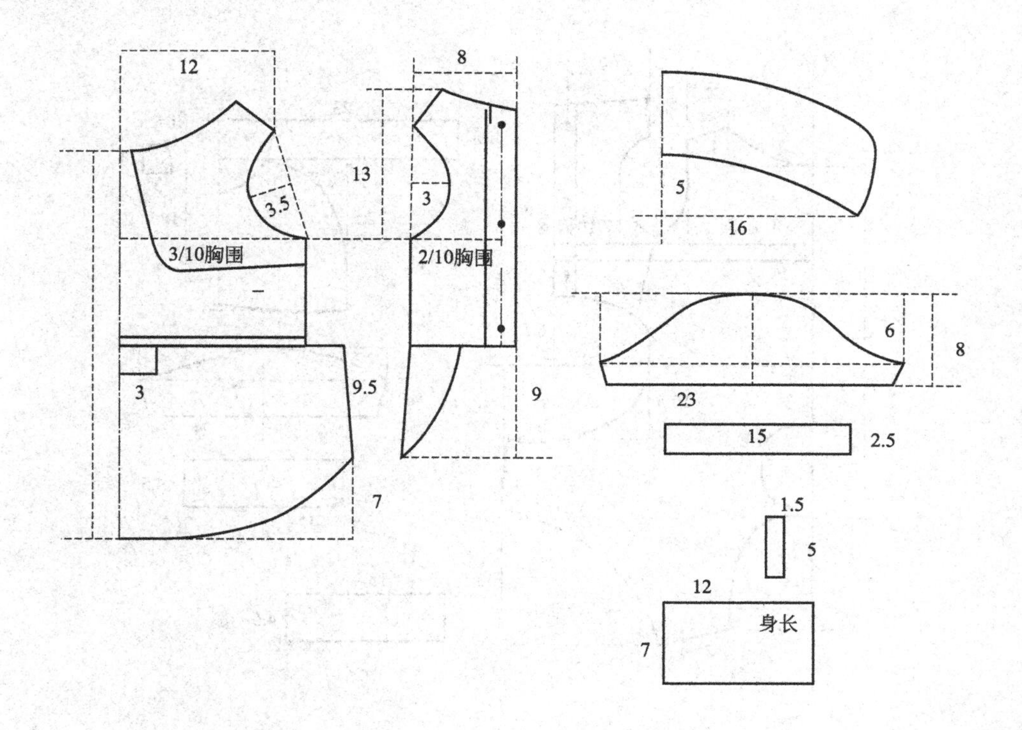

82. 保暖服

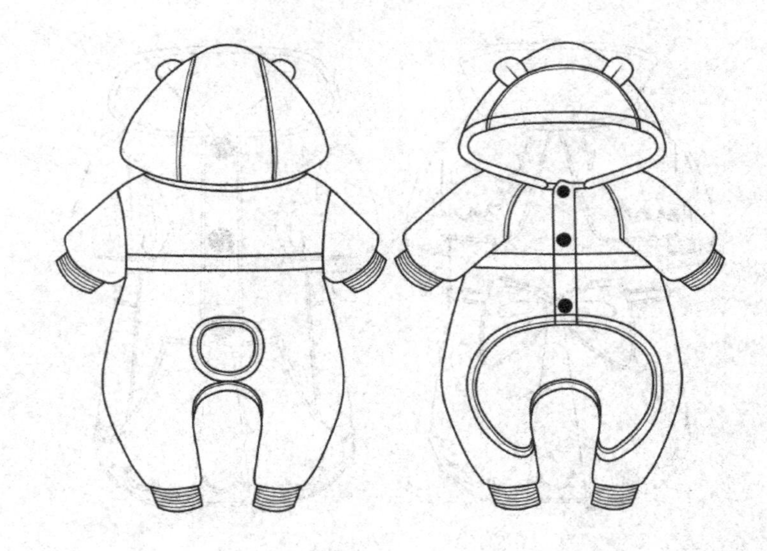

部位	身长	胸围	领围
尺寸	34	45	32

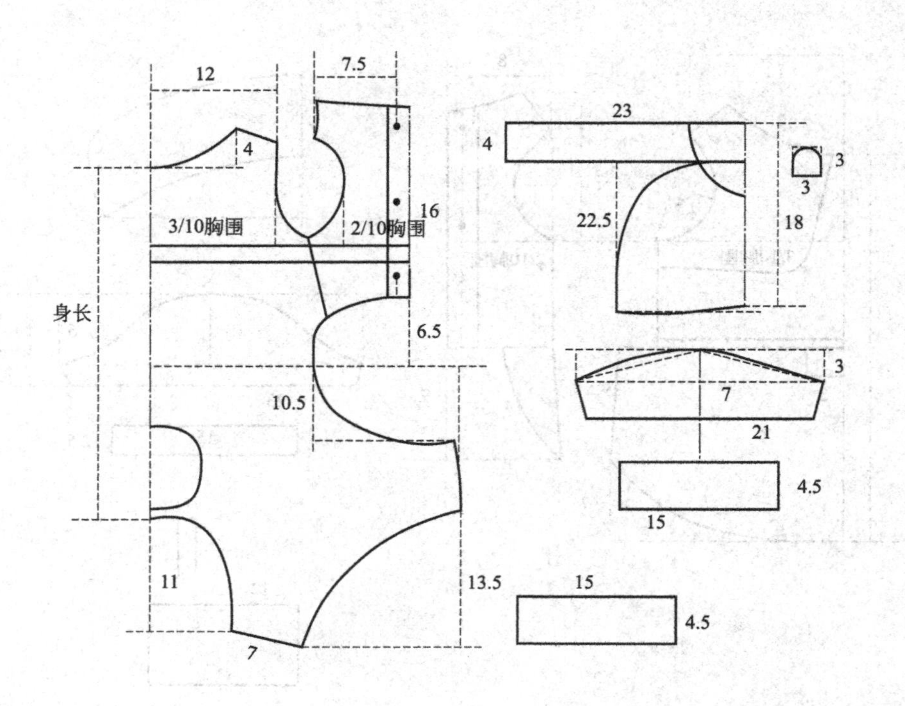

83. 棉服 A 款

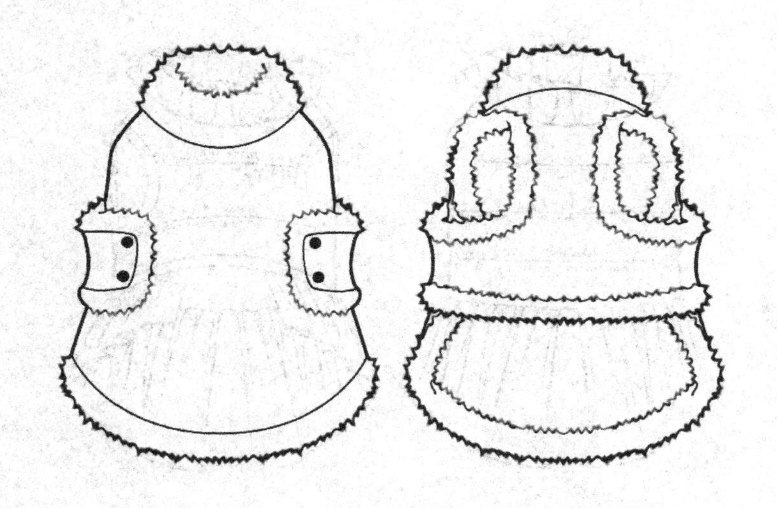

部位	身长	胸围	领围
尺寸	31	45	32

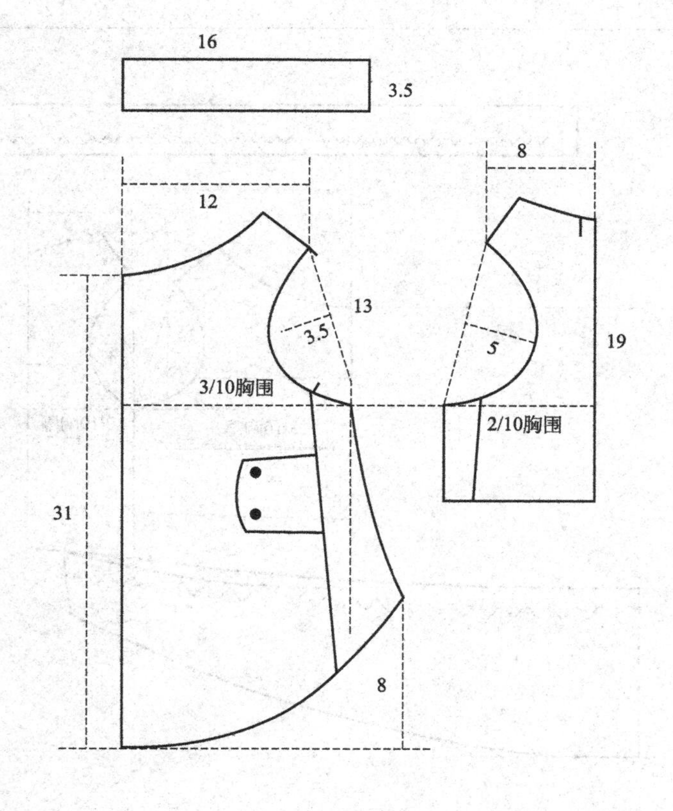

84. 棉服 B 款

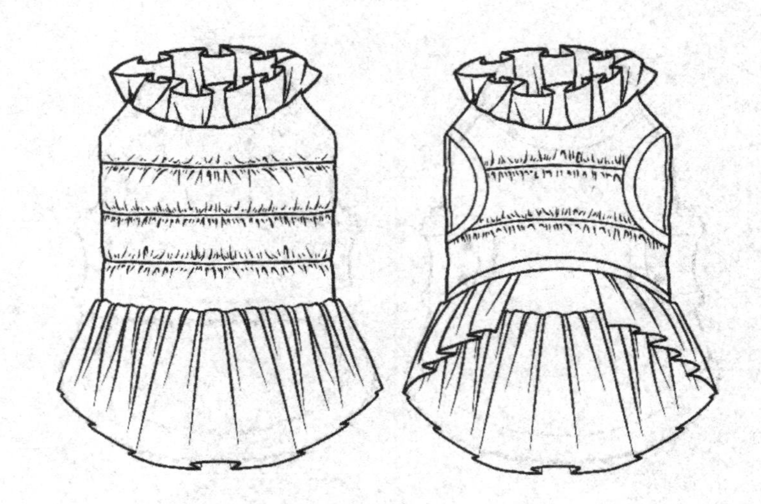

部位	身长	胸围	领围
尺寸	31	45	32

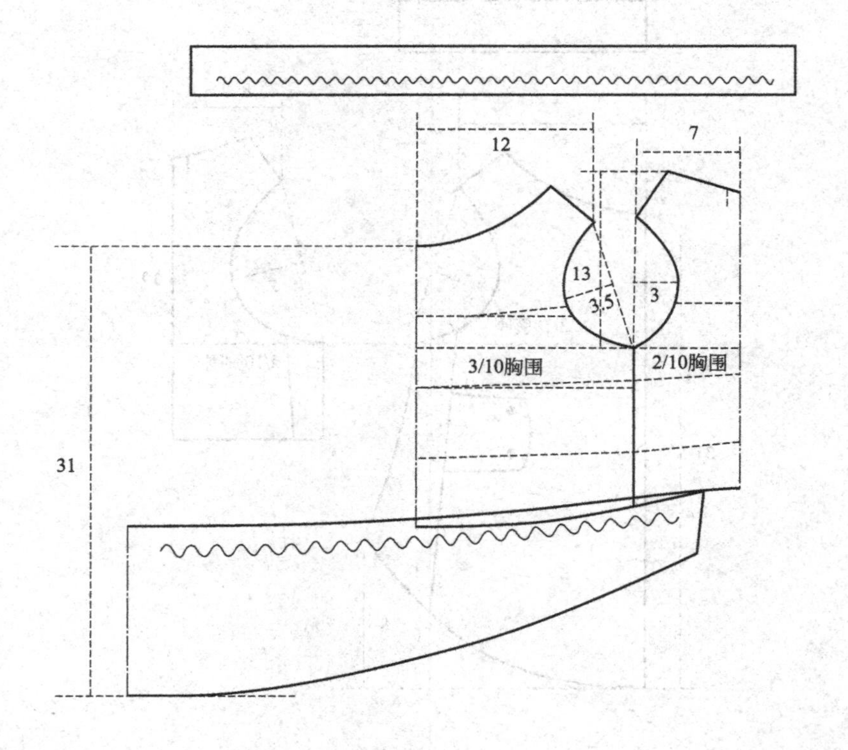

85. 棉服 C 款

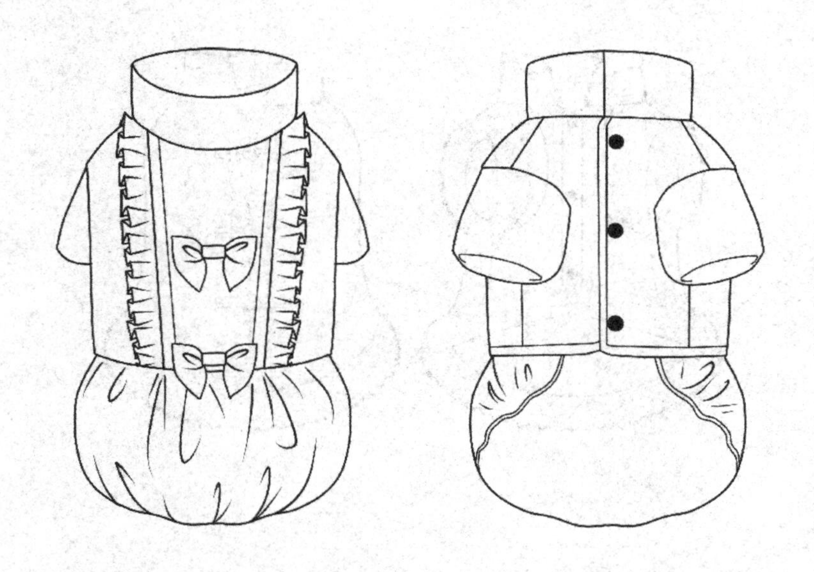

部位	身长	胸围	领围
尺寸	31	45	32

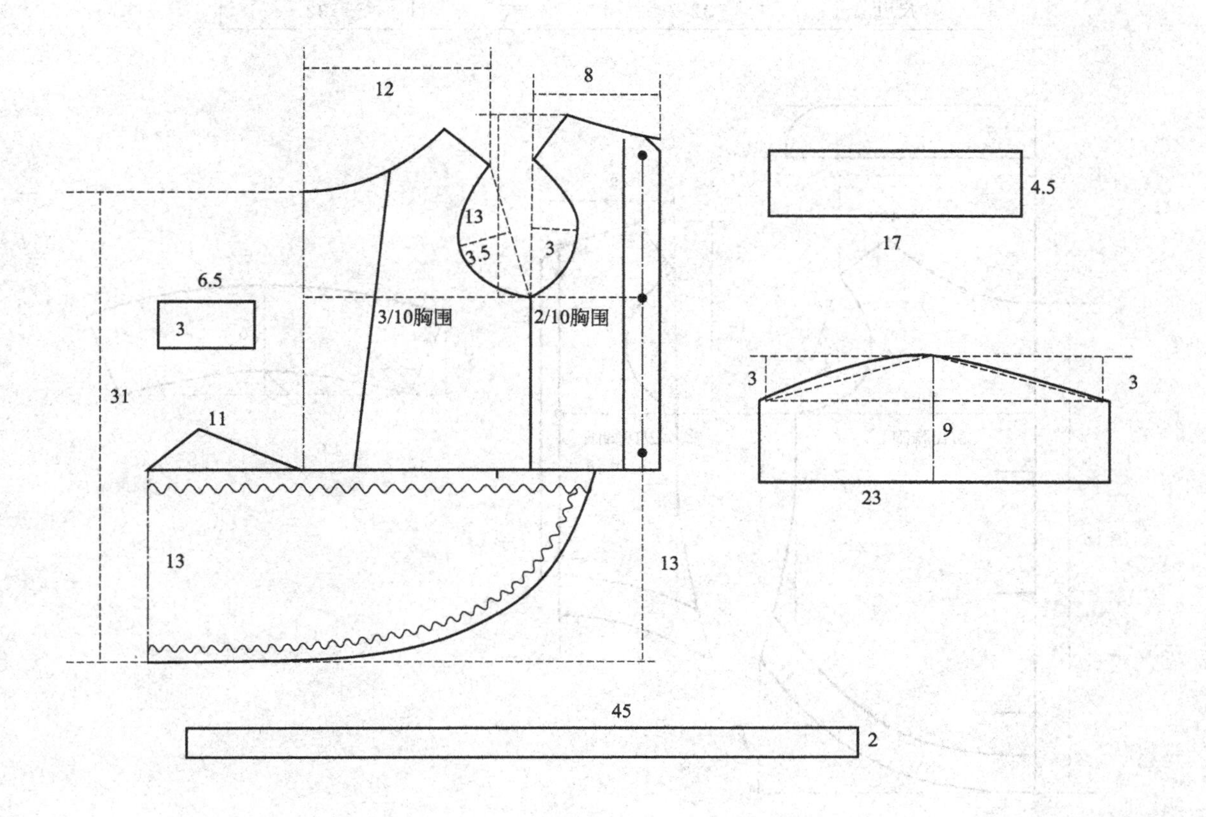

86. 中式棉服

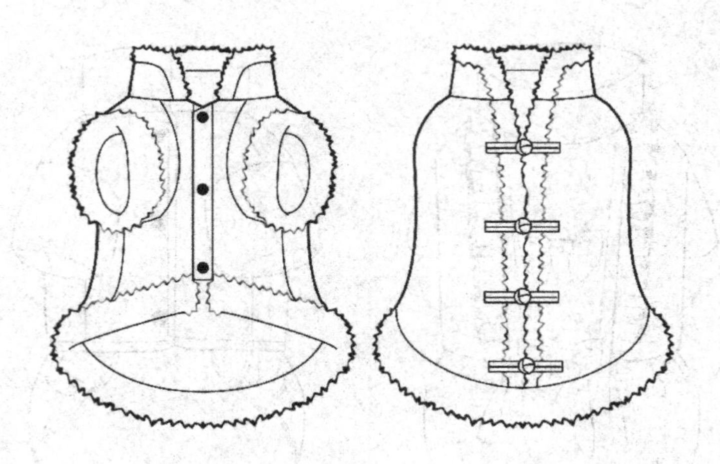

部位	身长	胸围	领围
尺寸	32	45	32

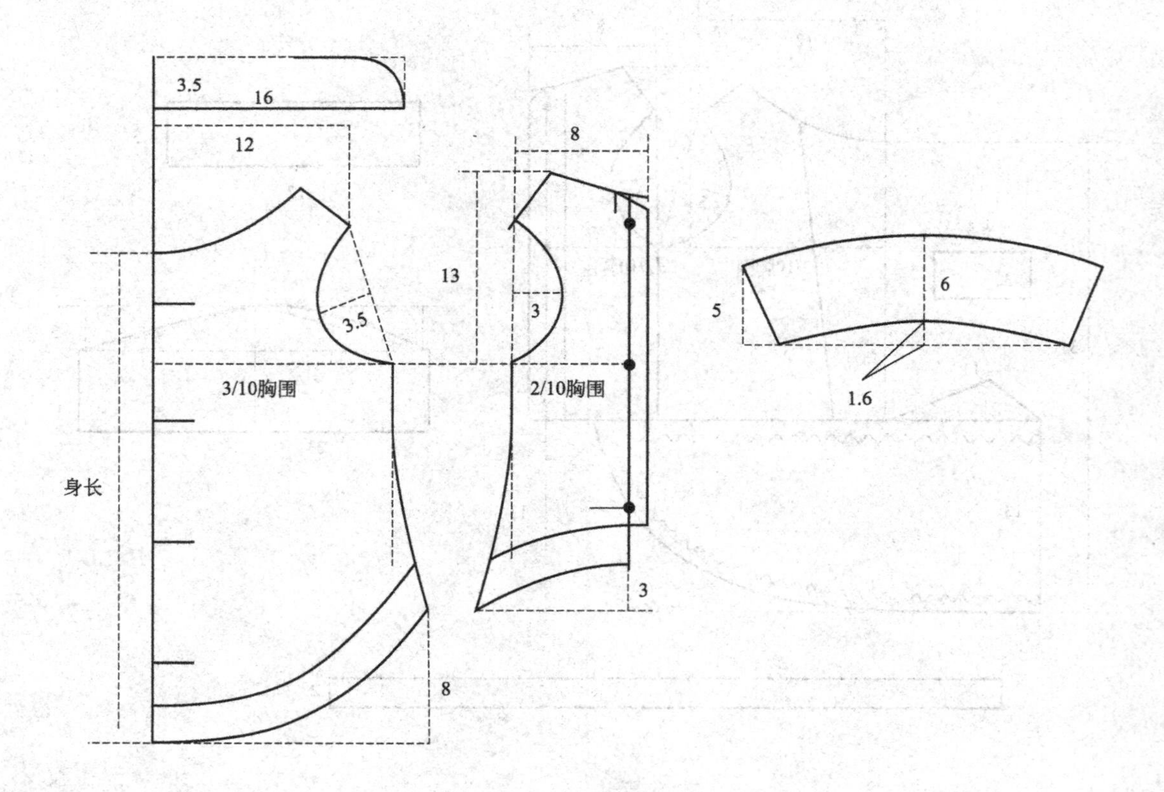

87. 格纹毛领棉服

部位	身长	胸围	领围
尺寸	31	45	32

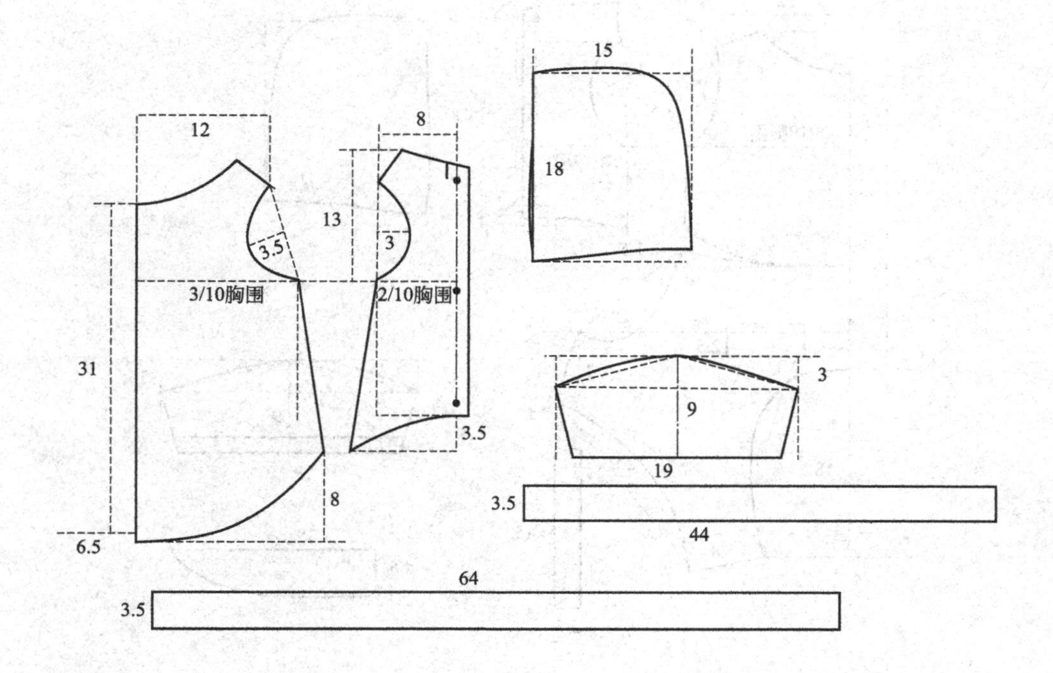

88. 连体棉服

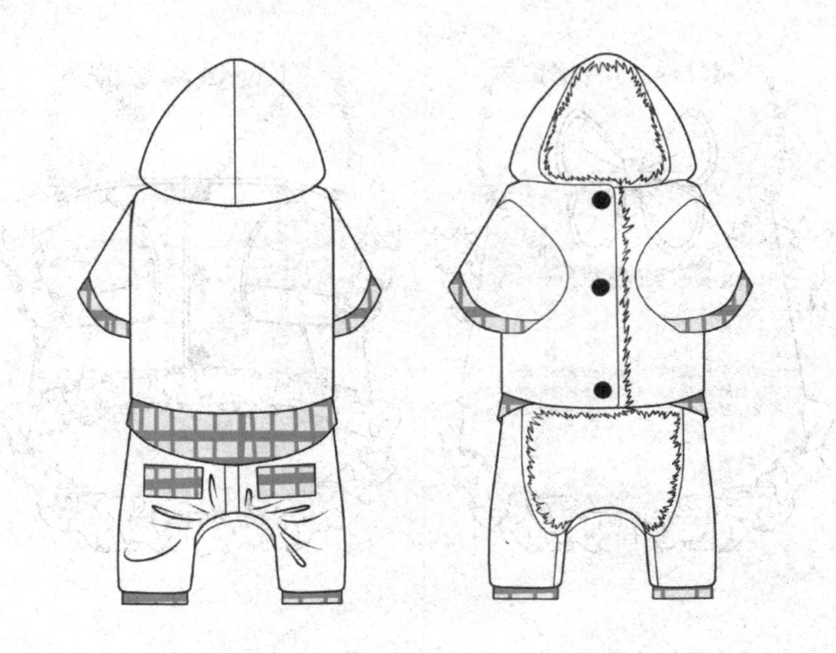

部位	身长	胸围	领围
尺寸	31	45	32

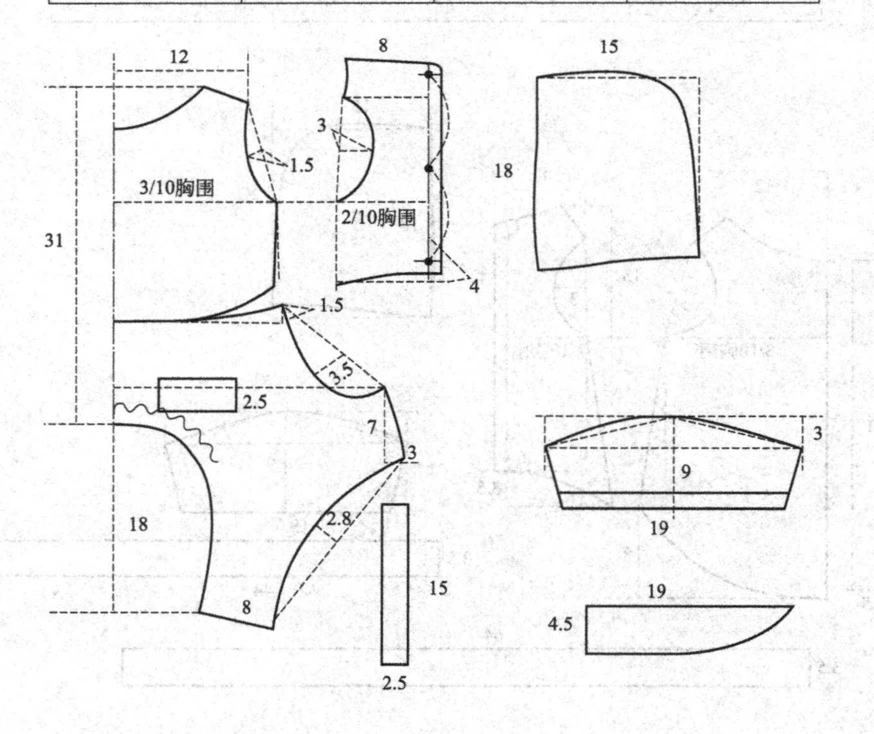

89. 无袖棉服

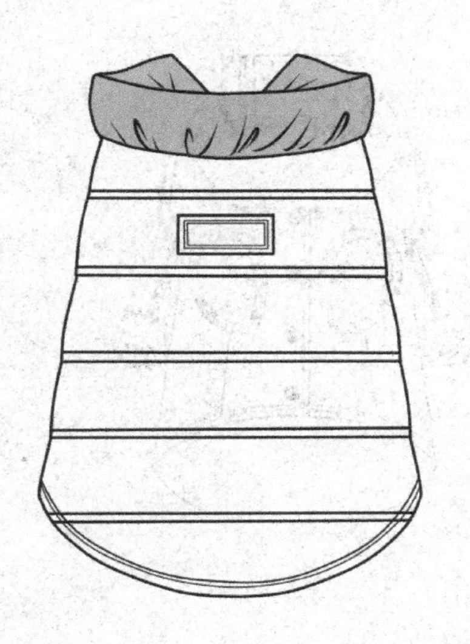

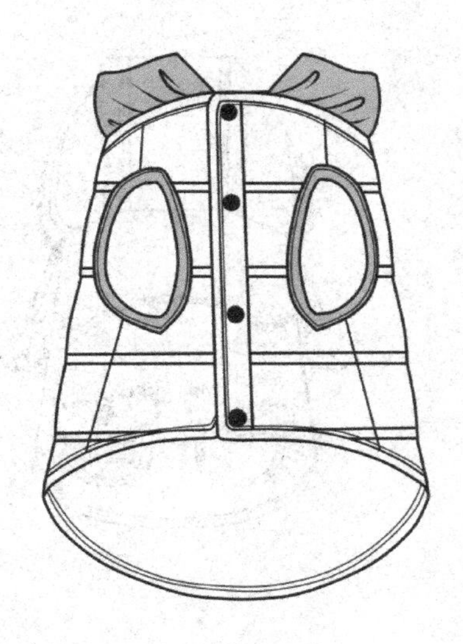

部位	身长	胸围	领围
尺寸	31	45	32

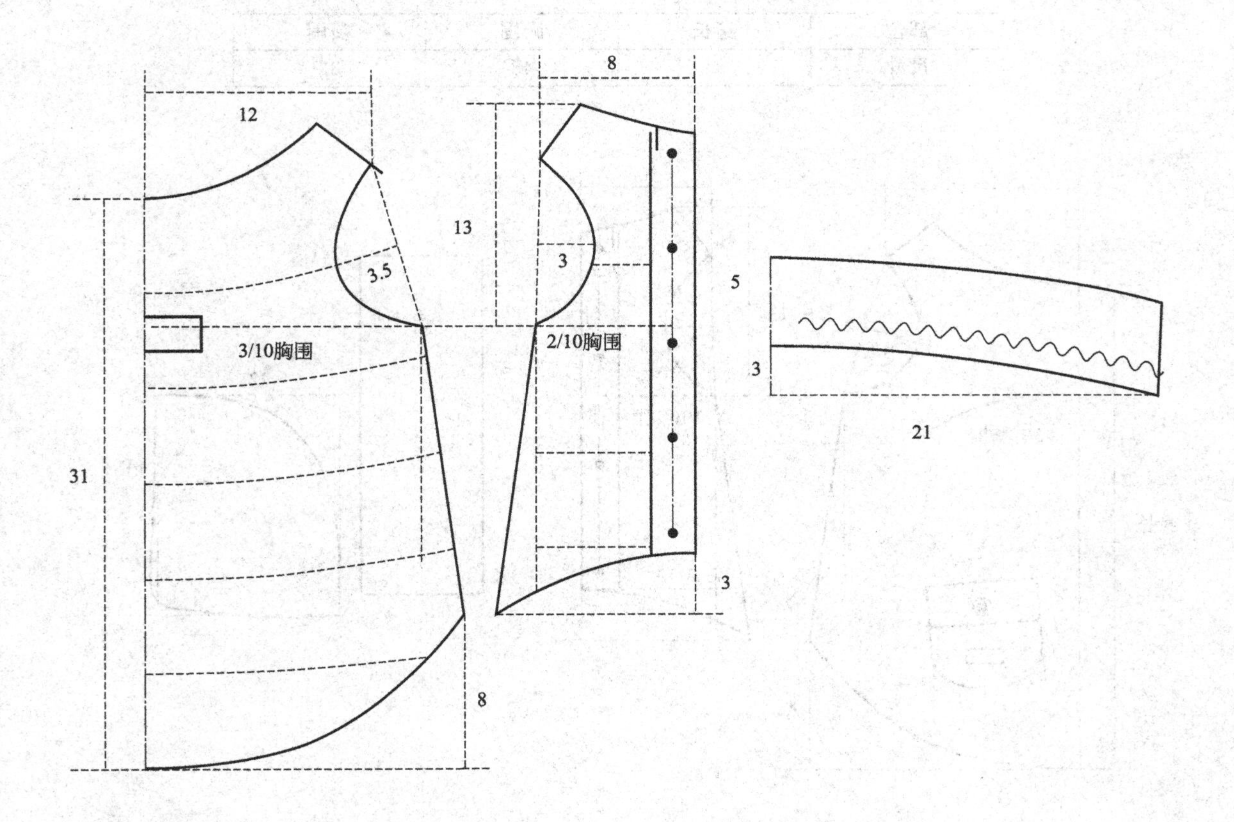

90. 毛领无袖棉服

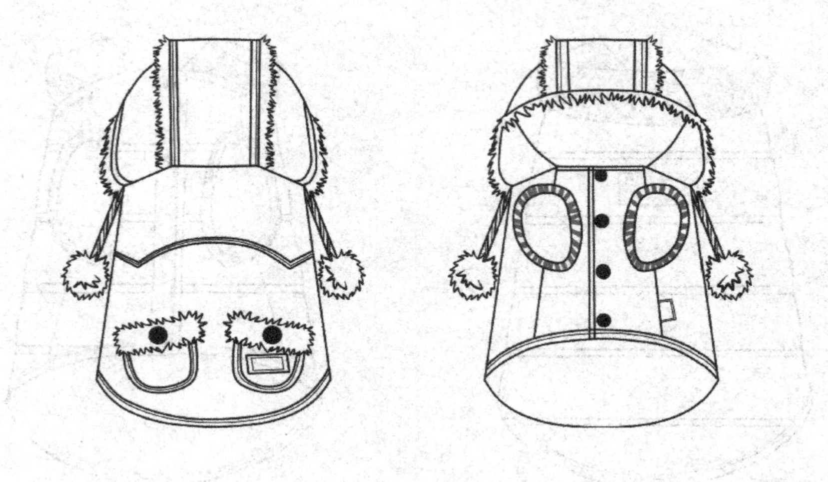

部位	身长	胸围	领围
尺寸	31	45	32

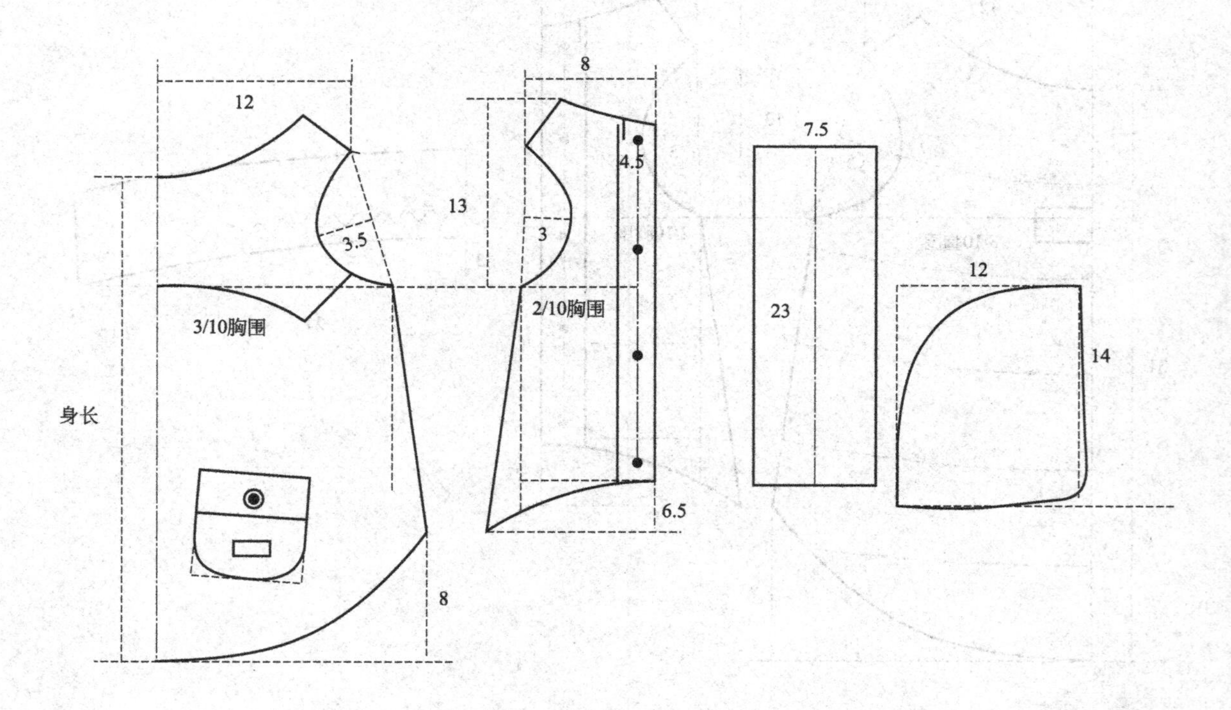

91. 碎花毛领棉服

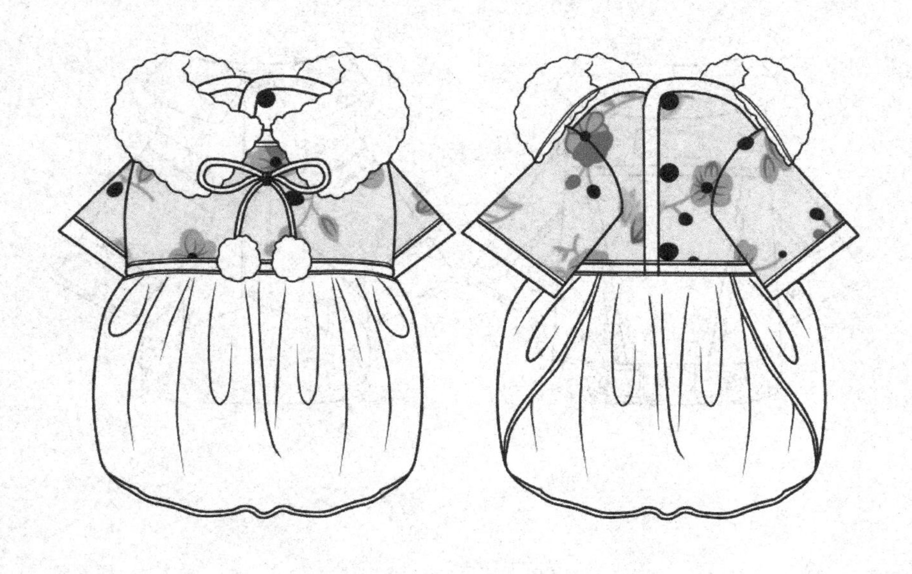

部位	身长	胸围	领围
尺寸	31	45	32

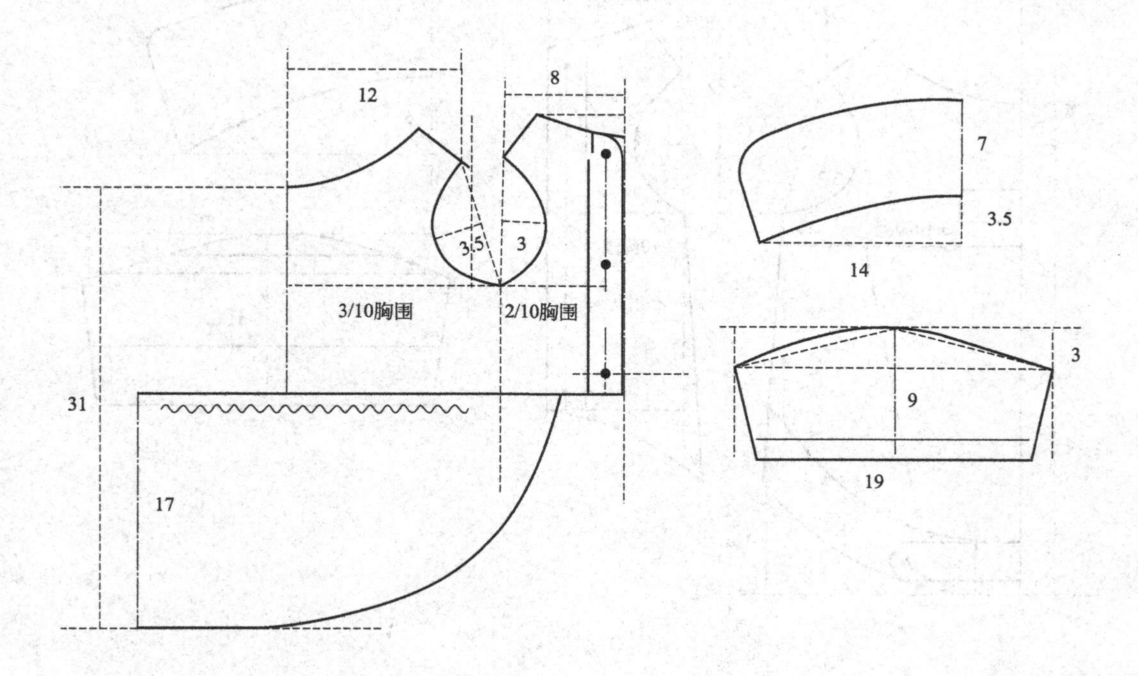

92. 牛仔翻领棉服

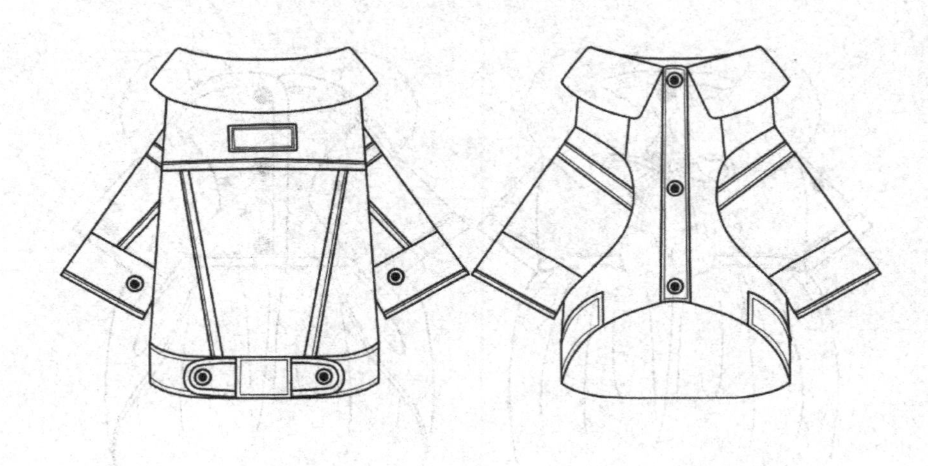

部位	身长	胸围	领围
尺寸	31	45	32

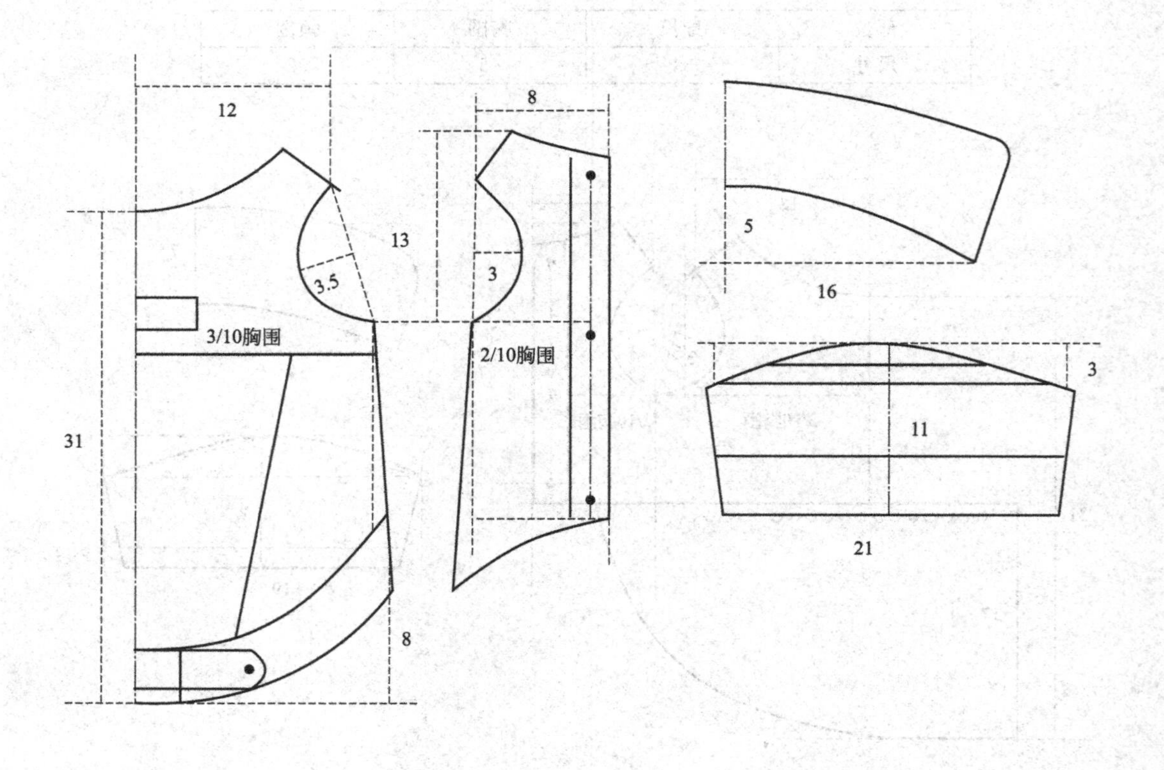

93. 毛领羽绒服

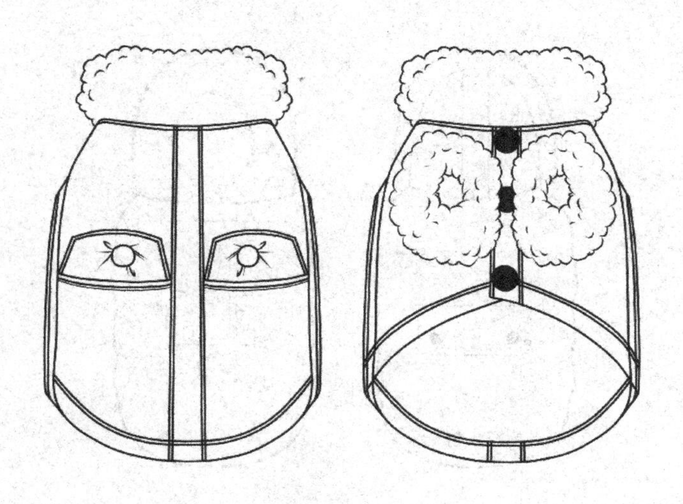

部位	身长	胸围	领围
尺寸	27	45	32

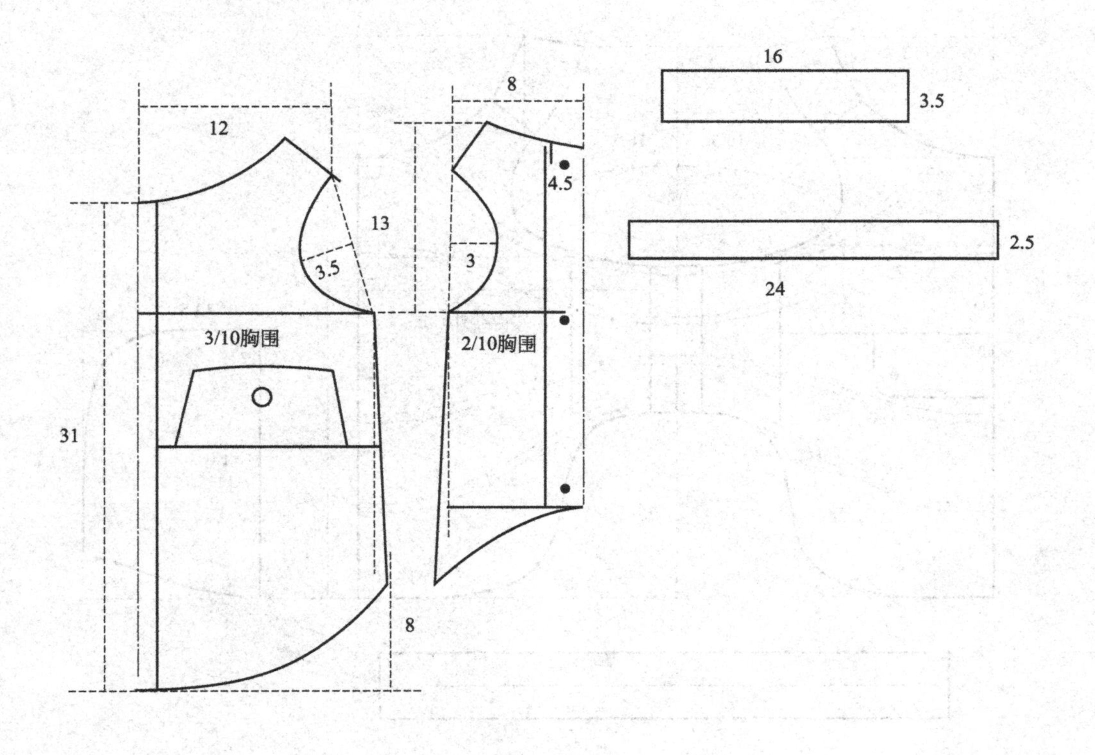

94. 羽绒服 A 款

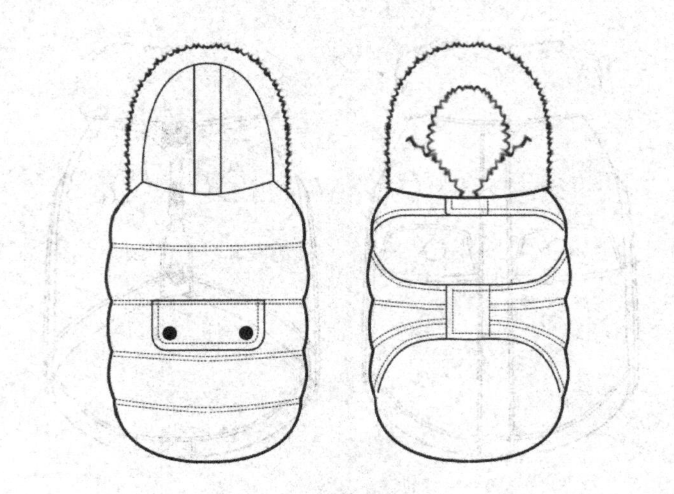

部位	身长	胸围	领围
尺寸	31	45	32

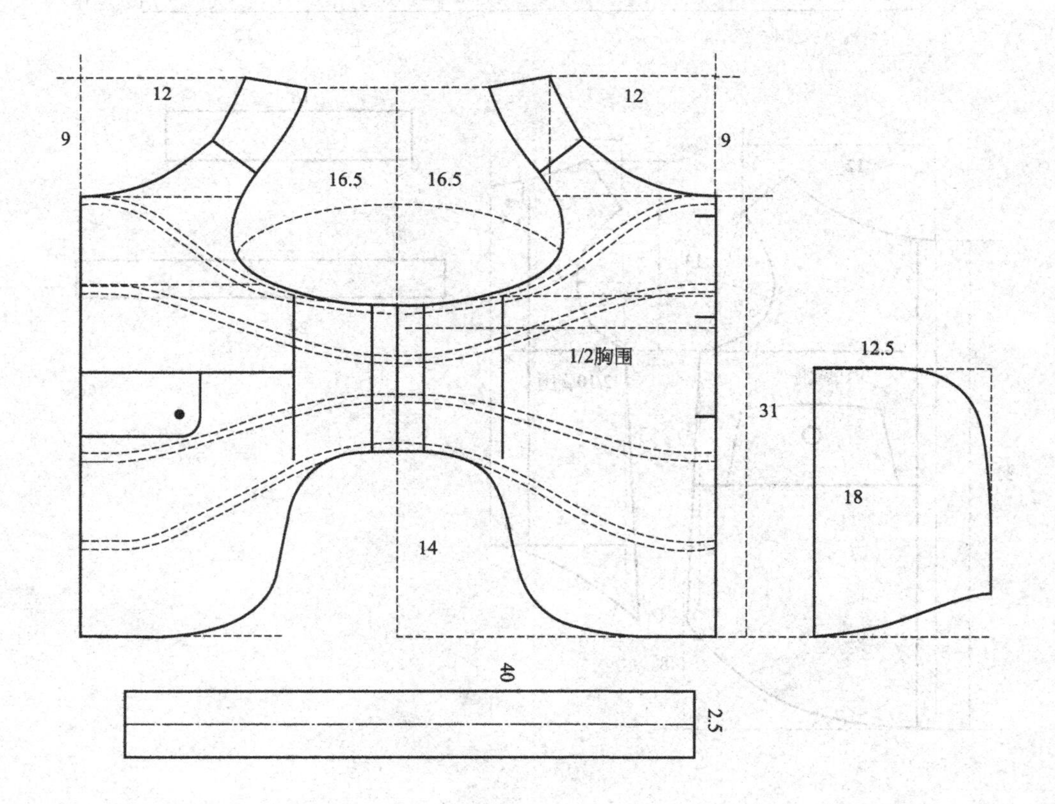

95. 羽绒服 B 款

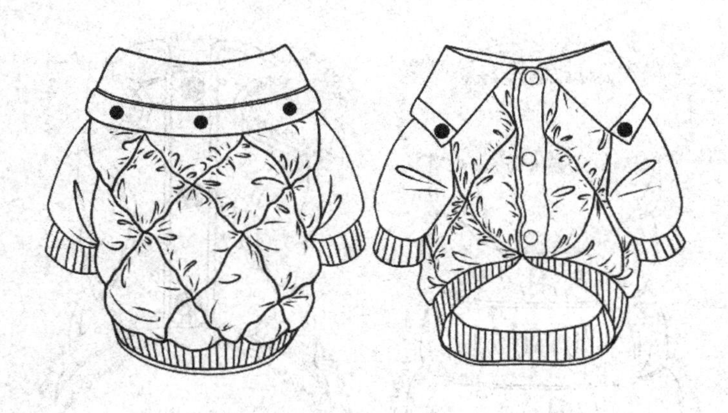

部位	身长	胸围	领围
尺寸	31	45	32

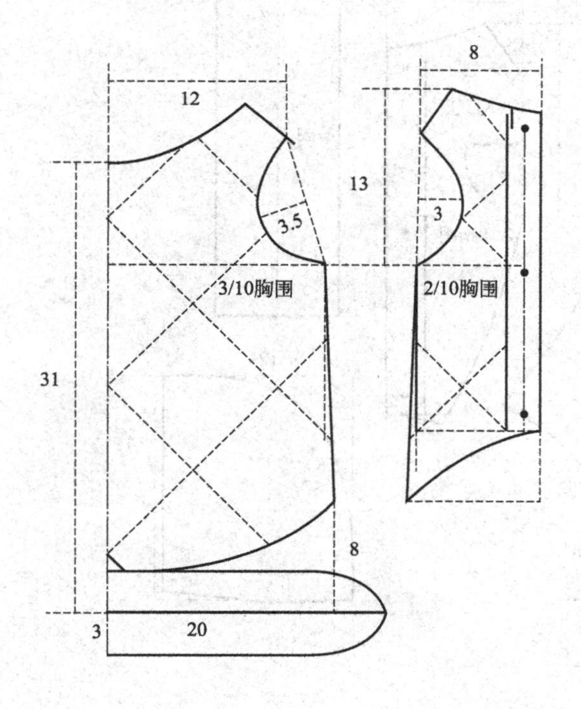

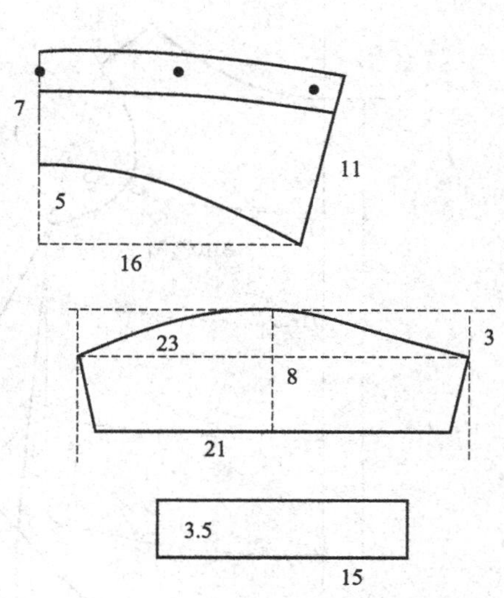

96. 无袖羽绒服 A 款

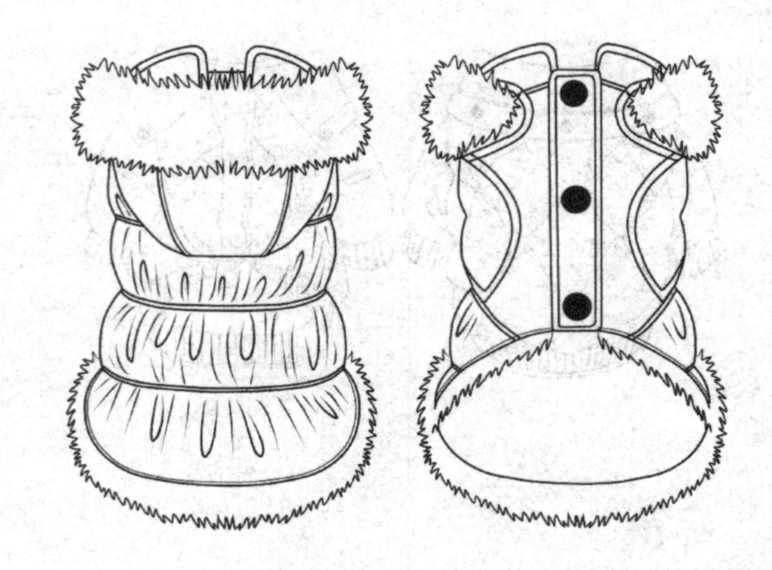

部位	身长	胸围	领围
尺寸	31	45	32

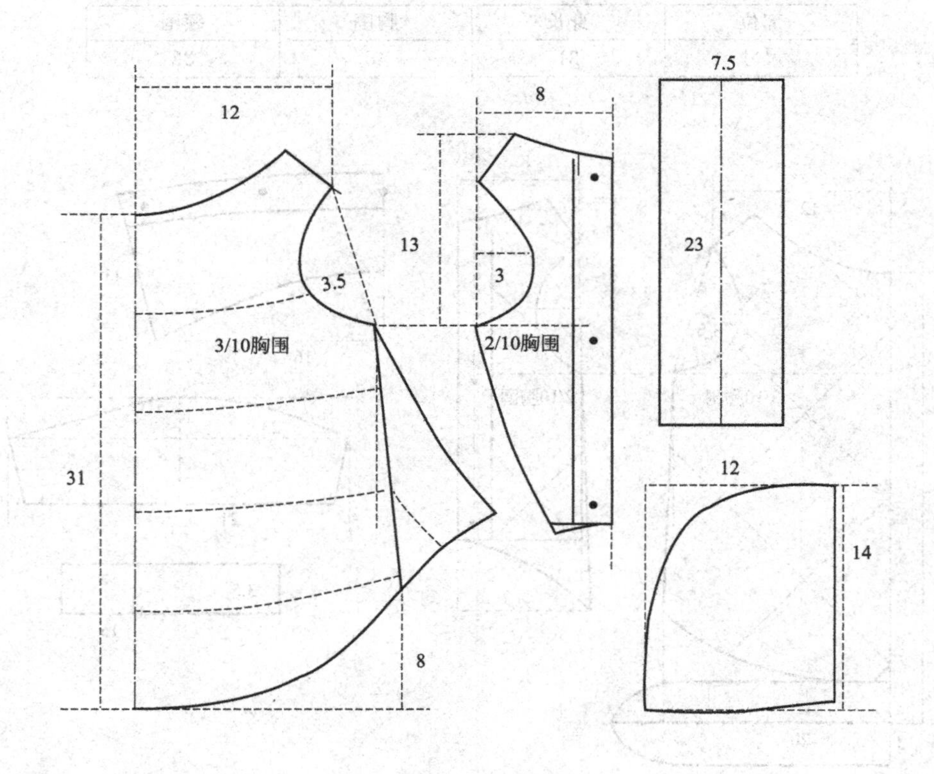

97. 无袖羽绒服 B 款

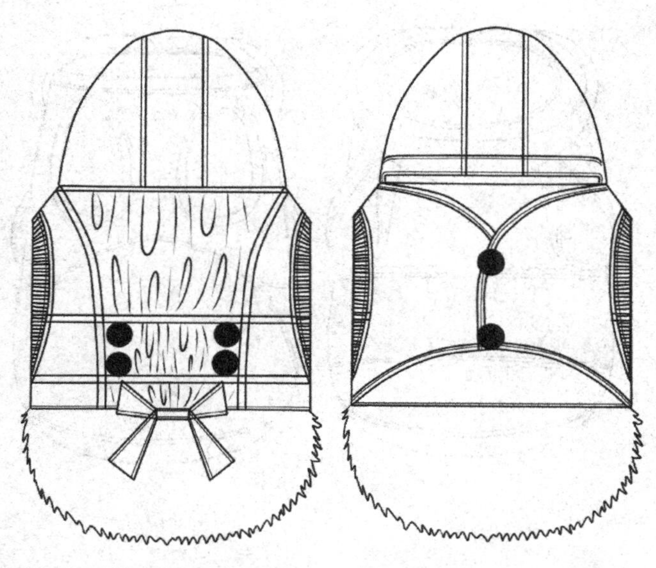

部位	身长	胸围	领围
尺寸	31	45	32

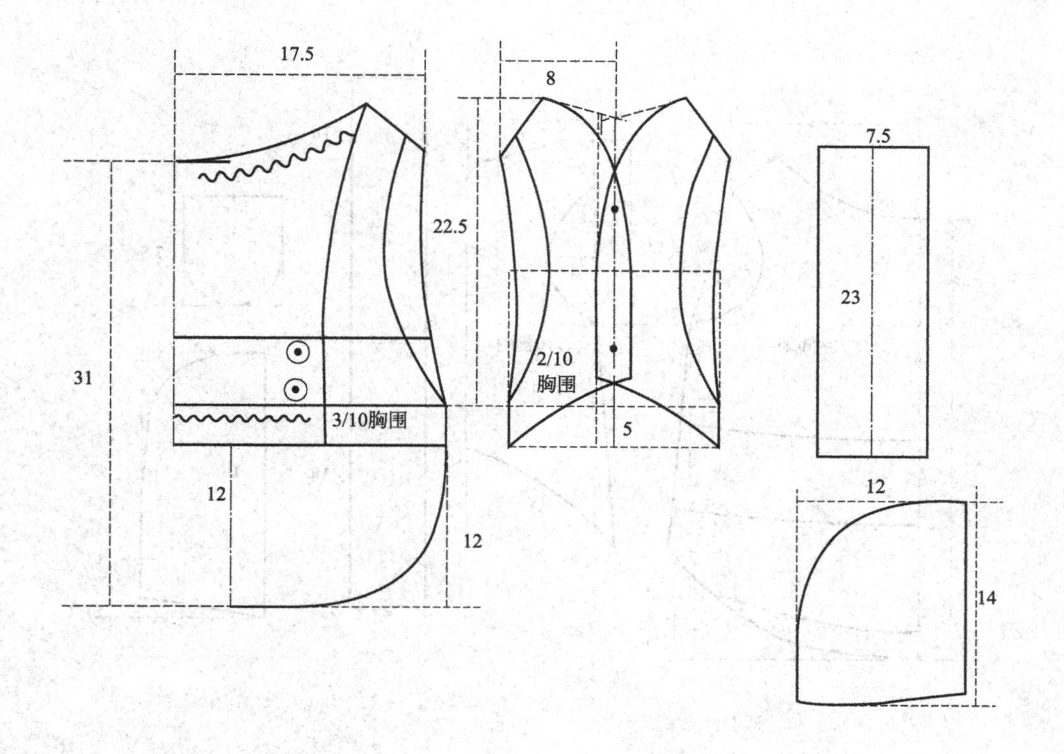

98. 兔耳羽绒服

部位	身长	胸围	领围
尺寸	31	45	32

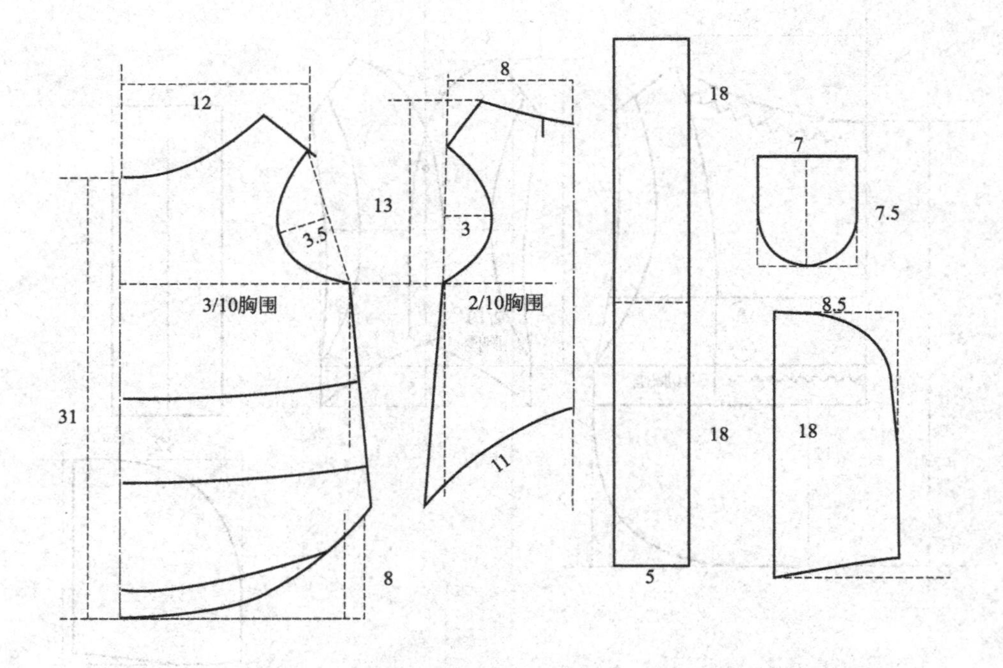

第五章 外套、卫衣、风衣、雨衣

99. 可爱花边外套

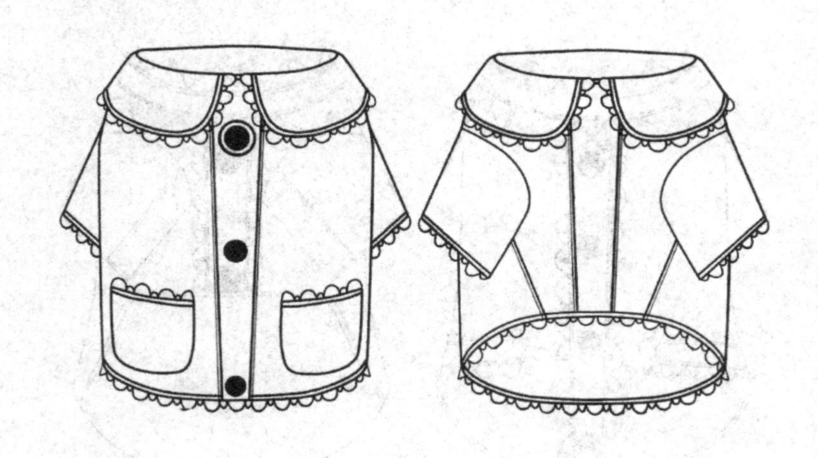

部位	身长	胸围	领围
尺寸	29	45	32

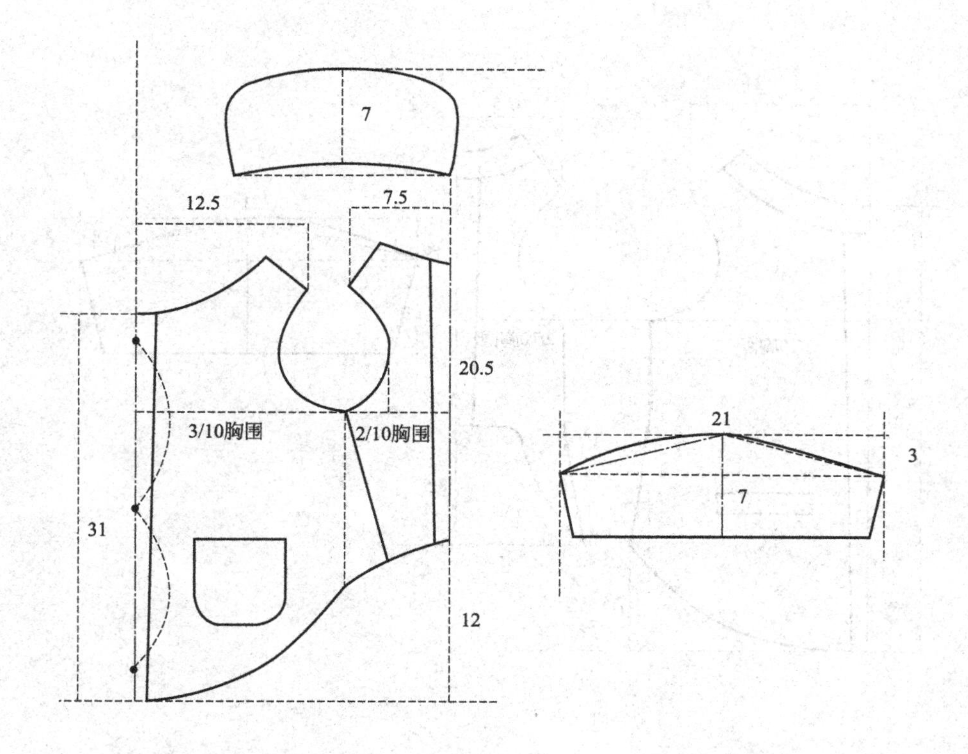

100. 可爱蕾丝边外套

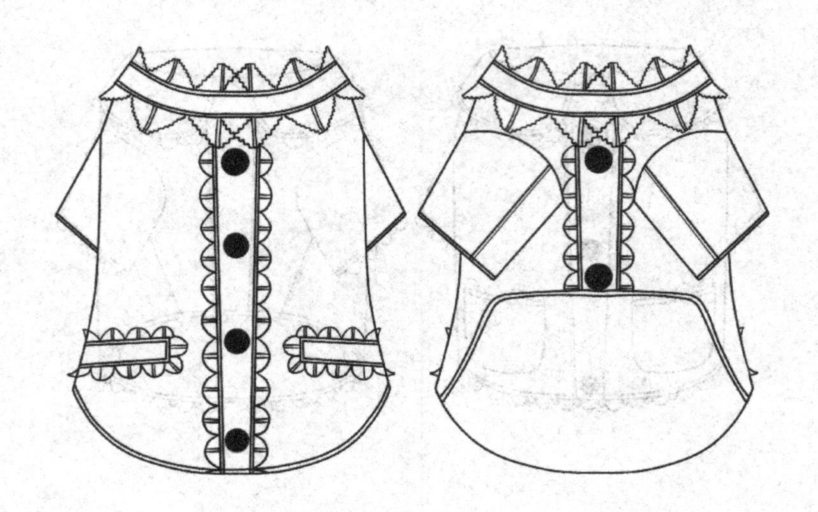

部位	身长	胸围	领围
尺寸	31	45	32

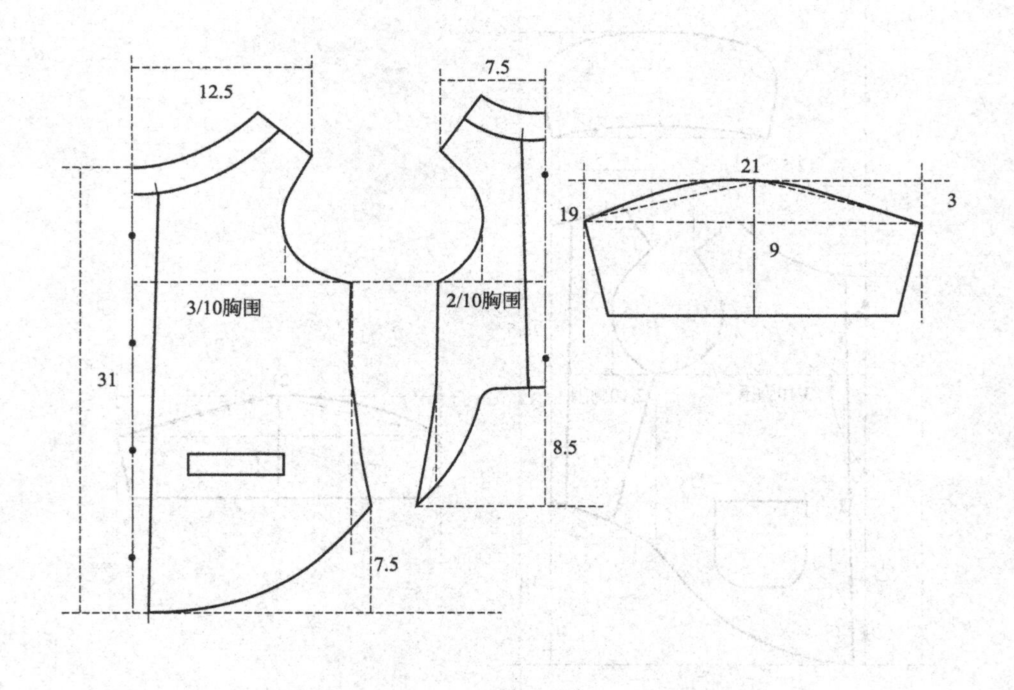

101. 翻皮外套

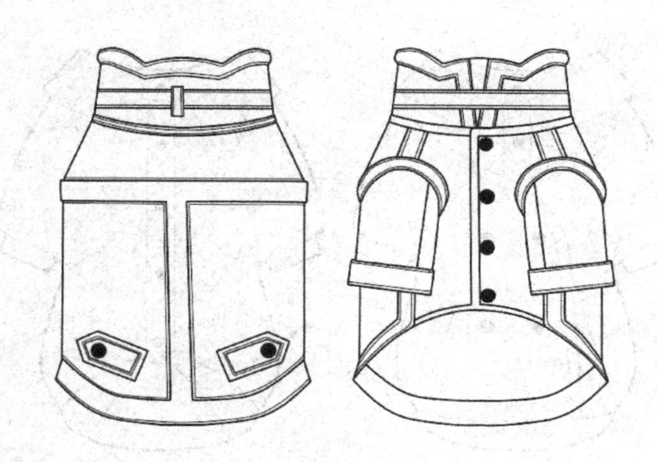

部位	身长	胸围	领围
尺寸	31	45	32

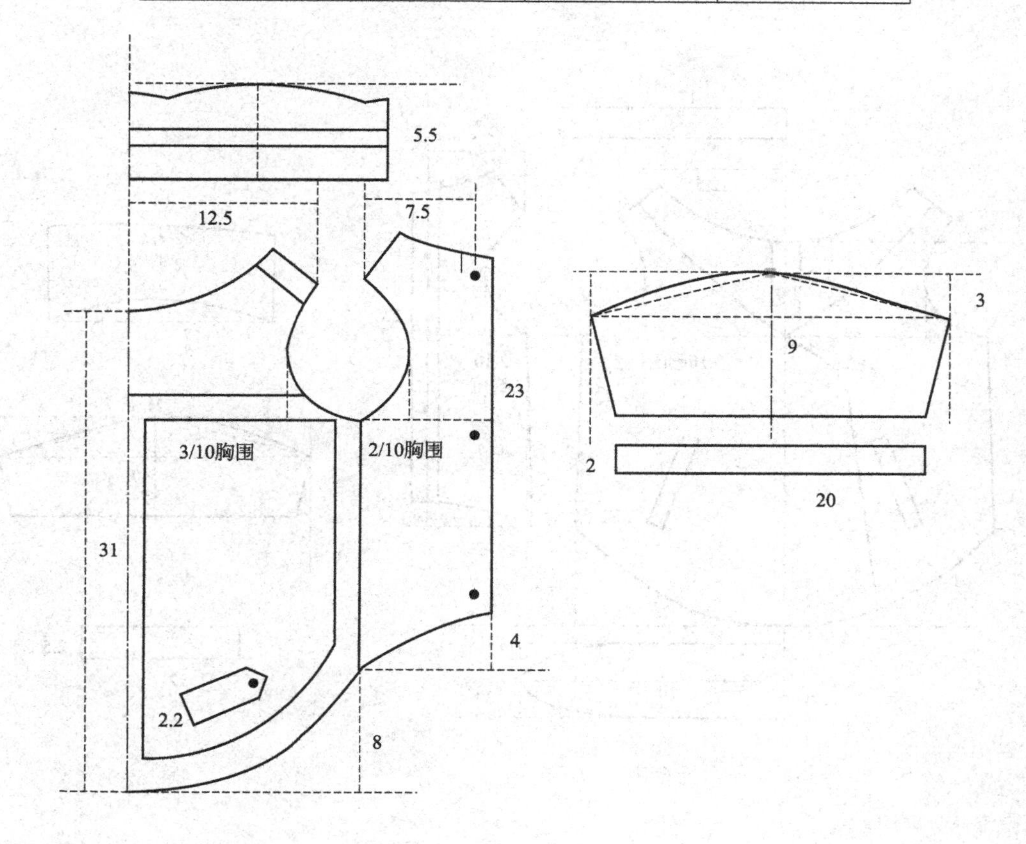

102. 假两件外套

部位	身长	胸围	领围
尺寸	31	45	32

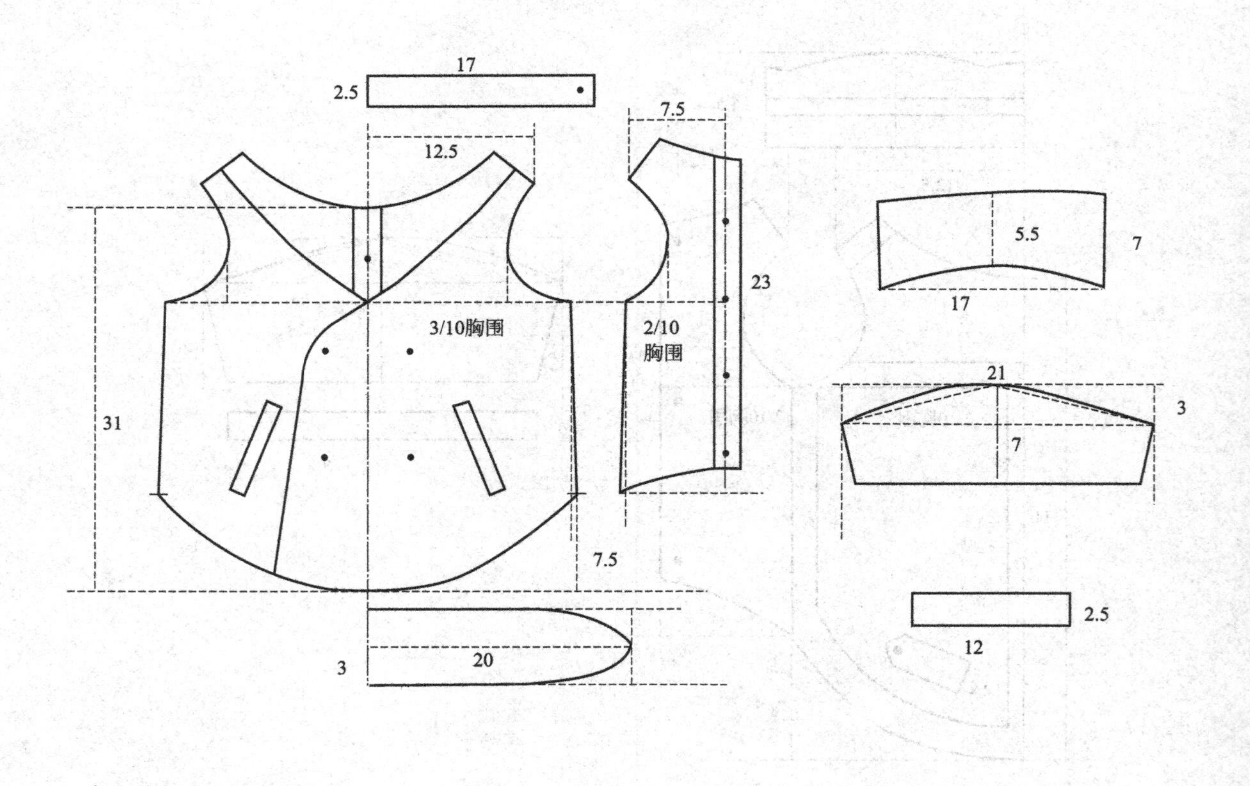

103. 双排扣外套

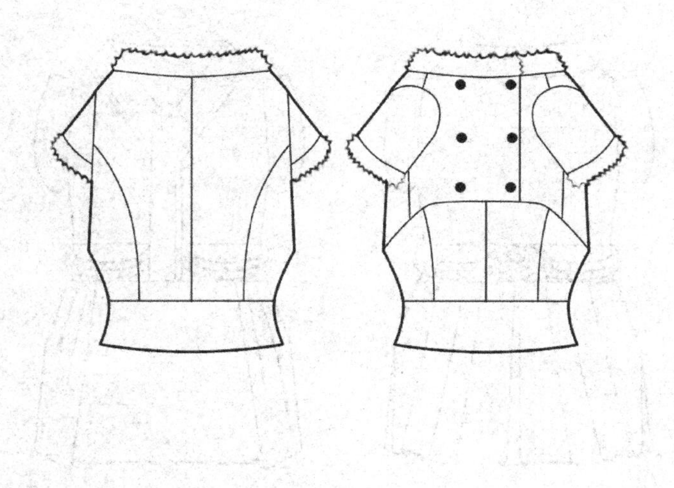

部位	身长	胸围	领围
尺寸	31	45	32

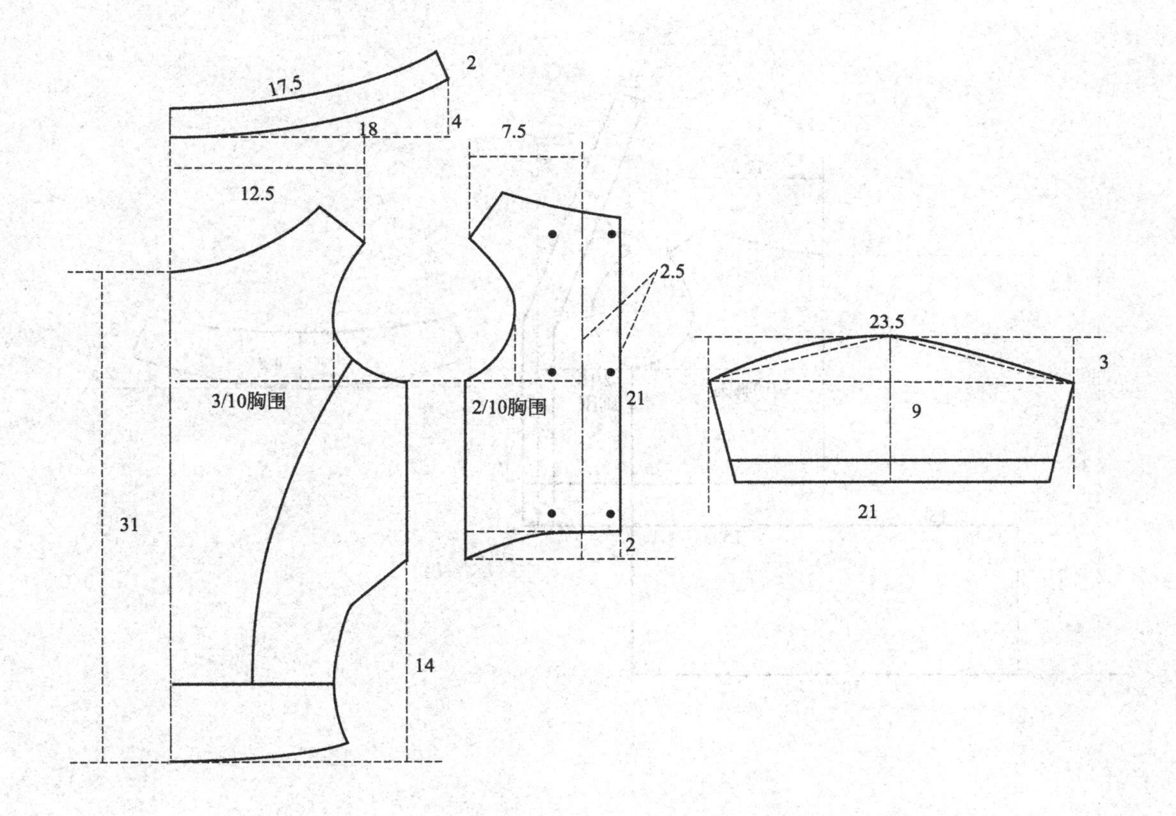

104. 古风外套

部位	身长	胸围	领围
尺寸	34	45	32

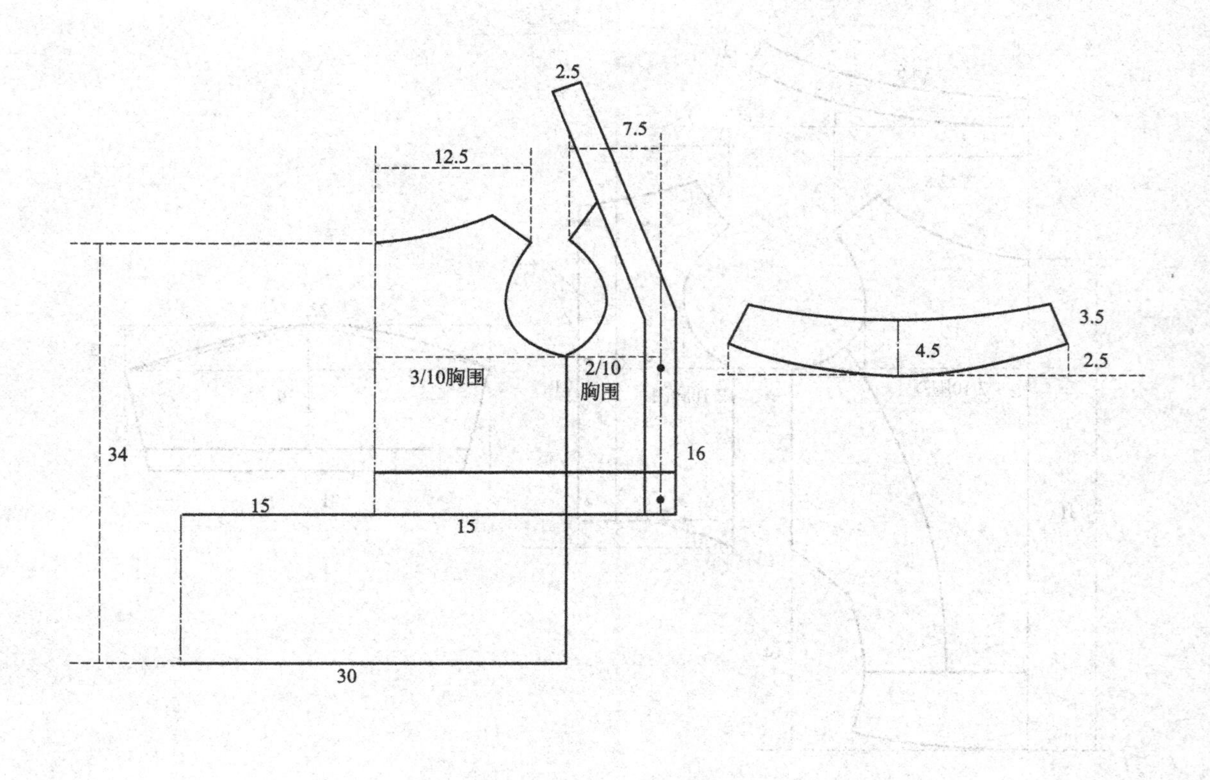

105. 连体纯棉外套

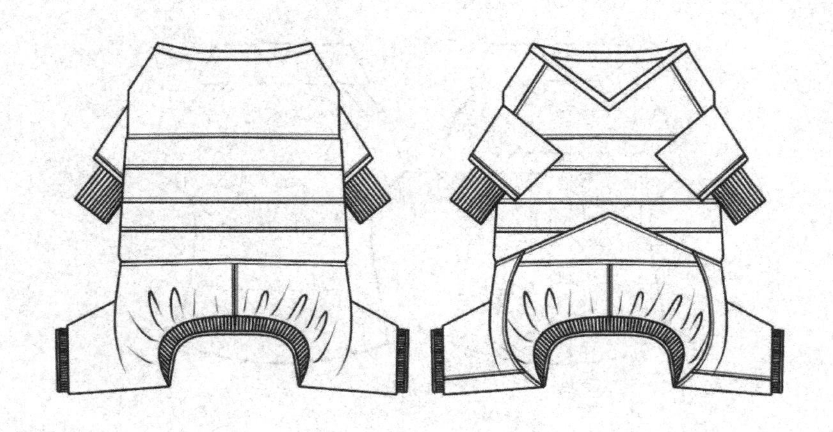

部位	身长	胸围	领围
尺寸	31	45	32

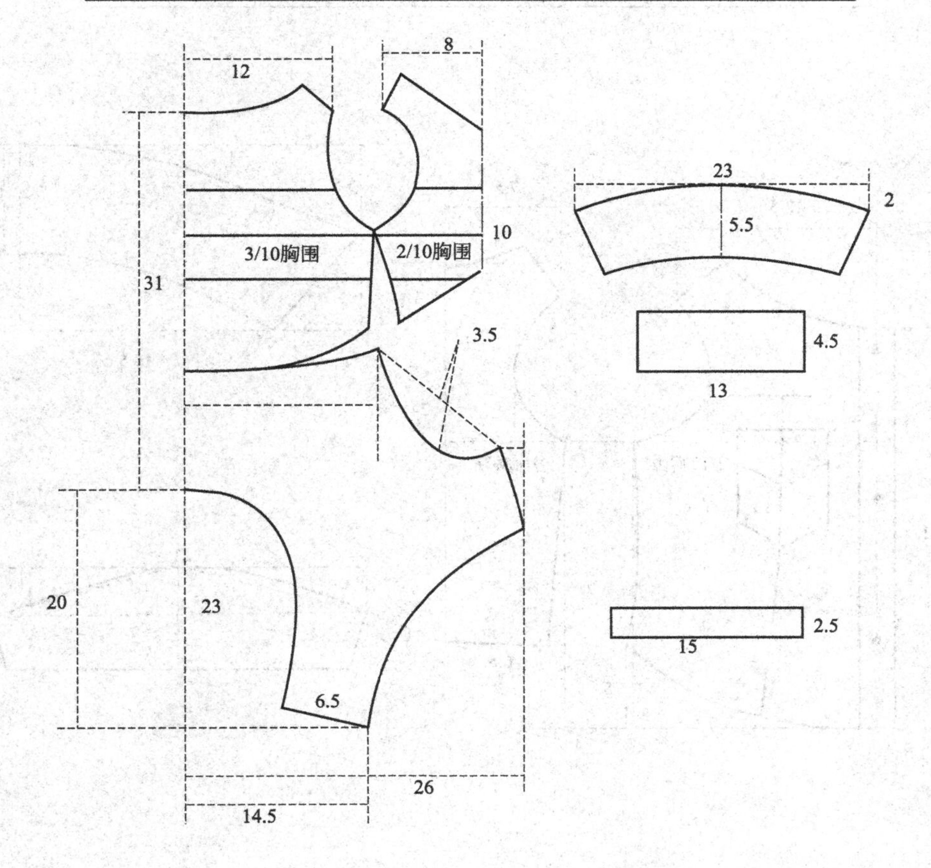

106. 牛仔服

部位	身长	胸围	领围
尺寸	26	45	32

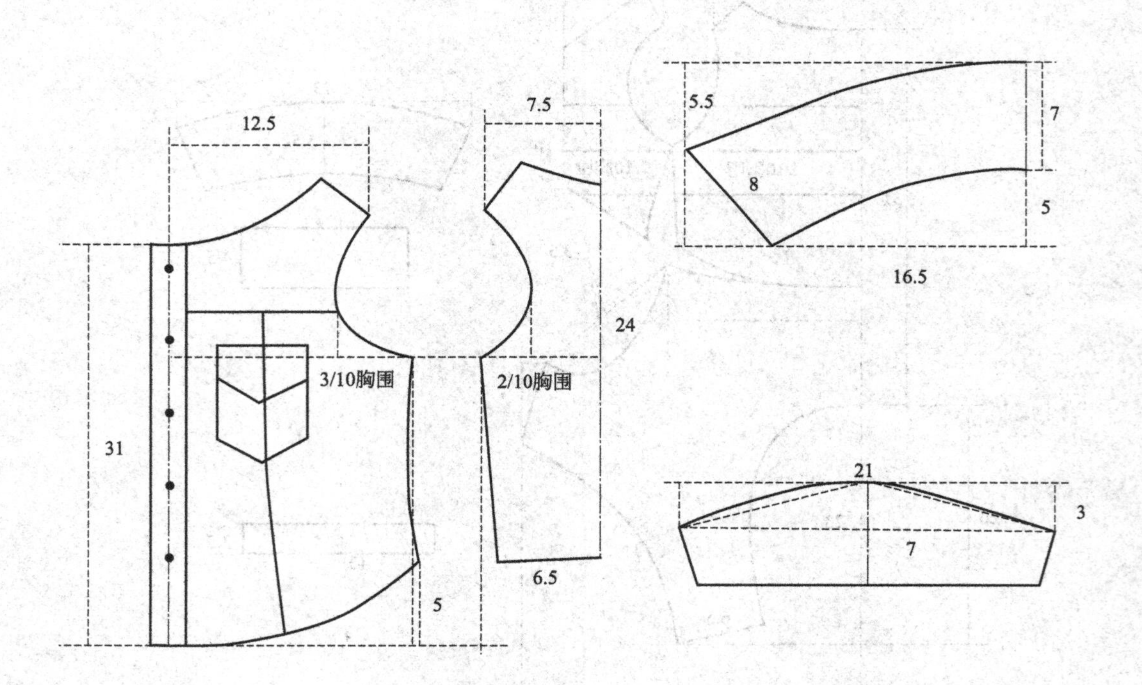

107. 流苏牛仔外套

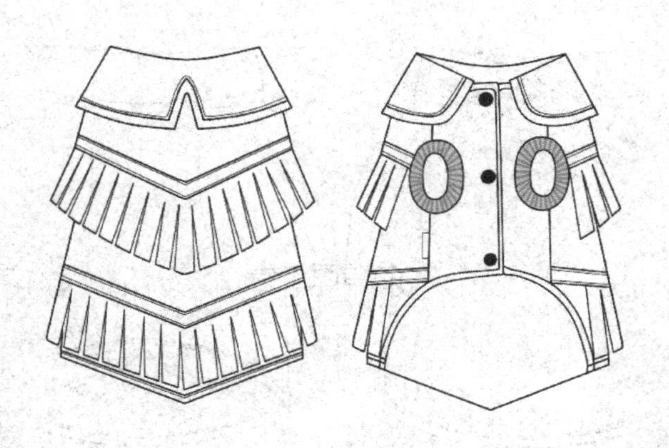

部位	身长	胸围	领围
尺寸	31	45	32

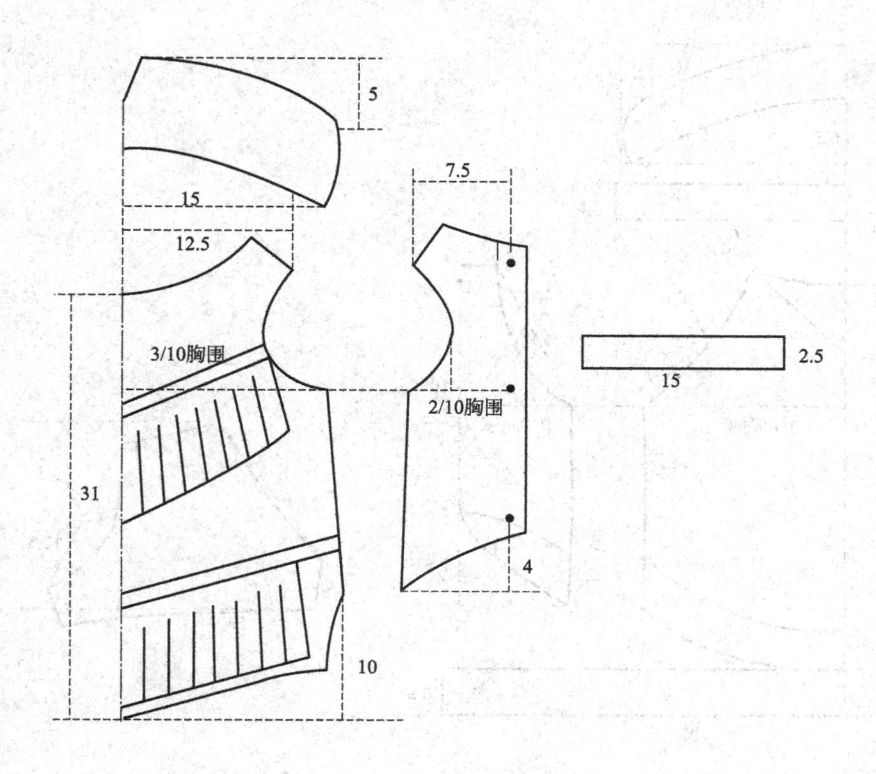

108. 学院风外套

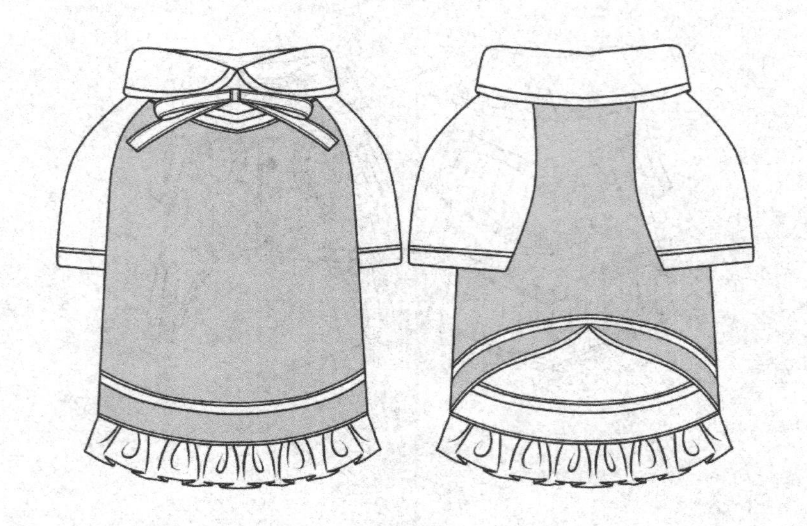

部位	身长	胸围	领围
尺寸	31	45	32

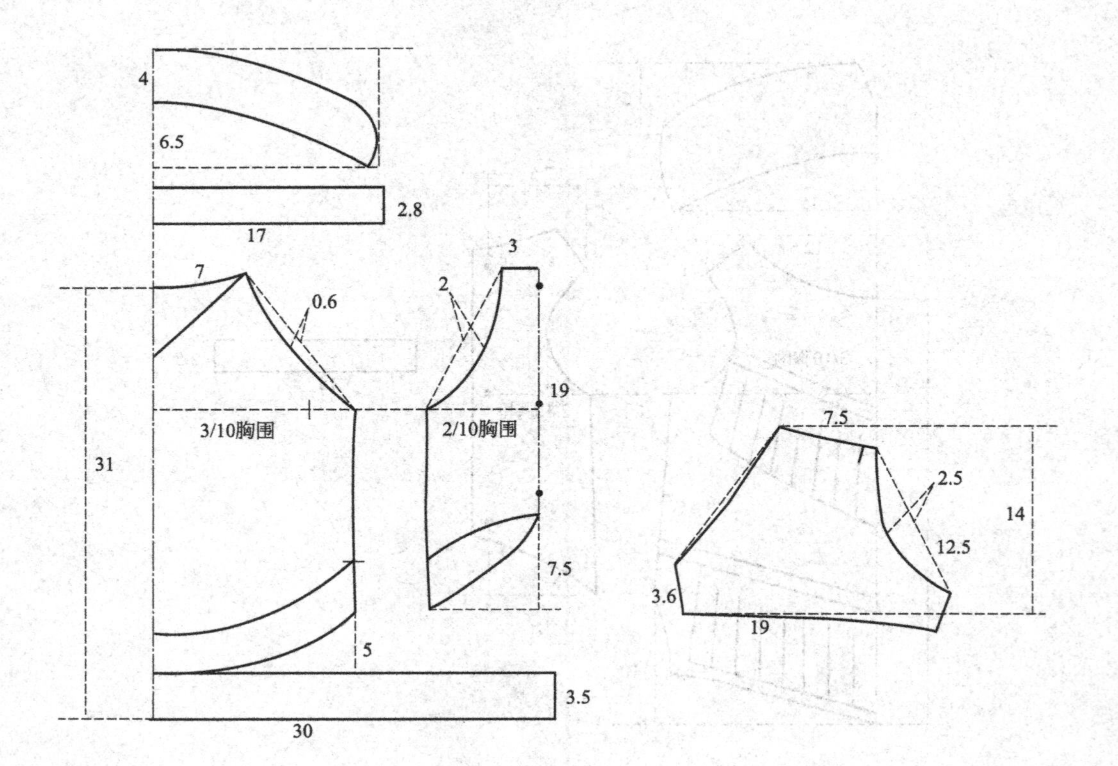

109. 英伦外套

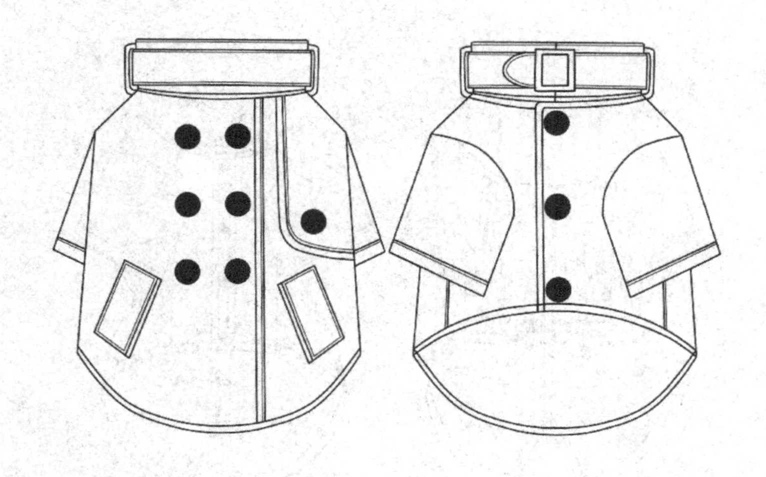

部位	身长	胸围	领围
尺寸	31	45	32

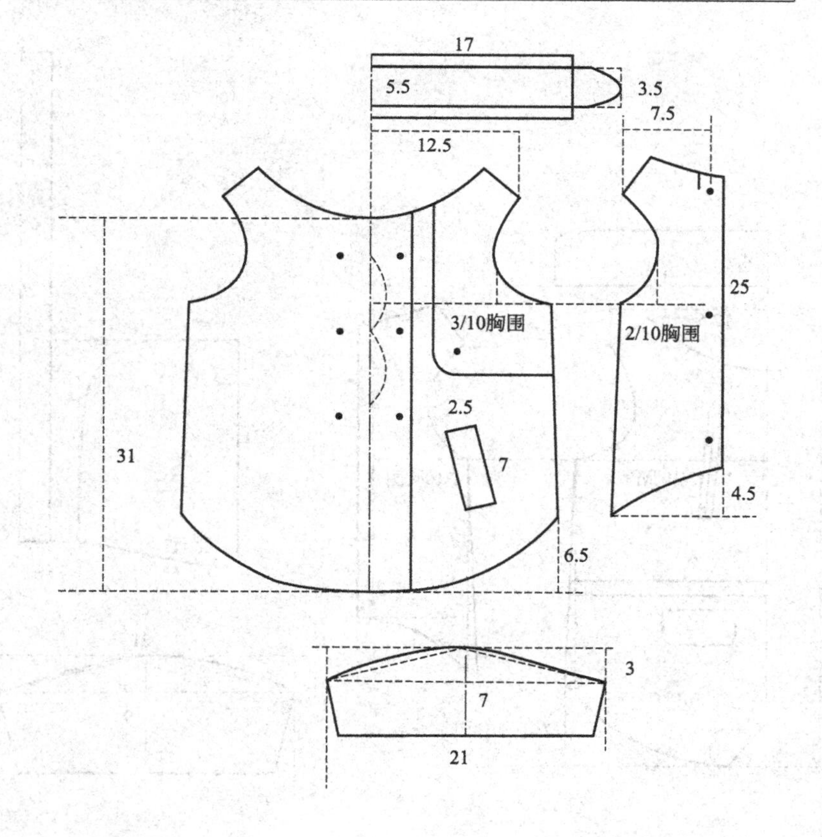

110. 毛领外套

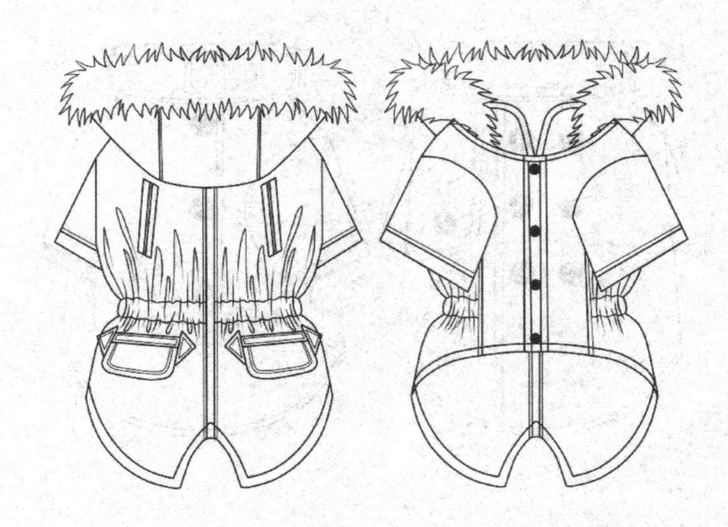

部位	身长	胸围	领围
尺寸	31	45	32

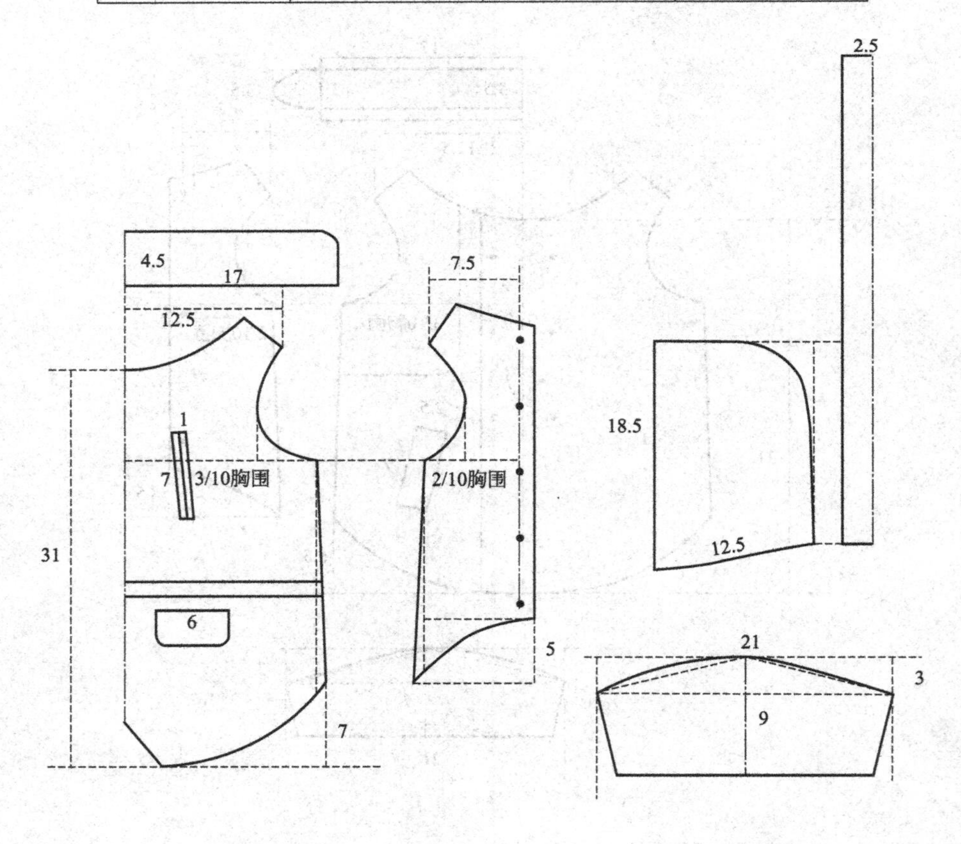

111. 无袖外套

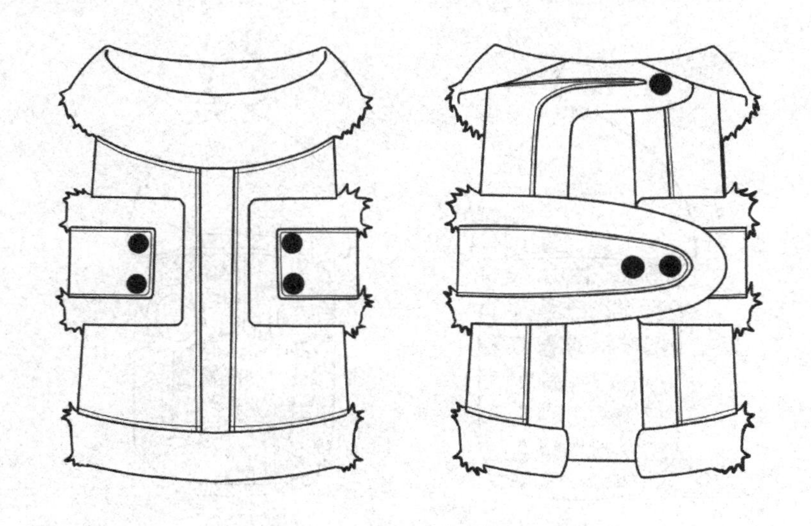

部位	身长	胸围	领围
尺寸	31	45	32

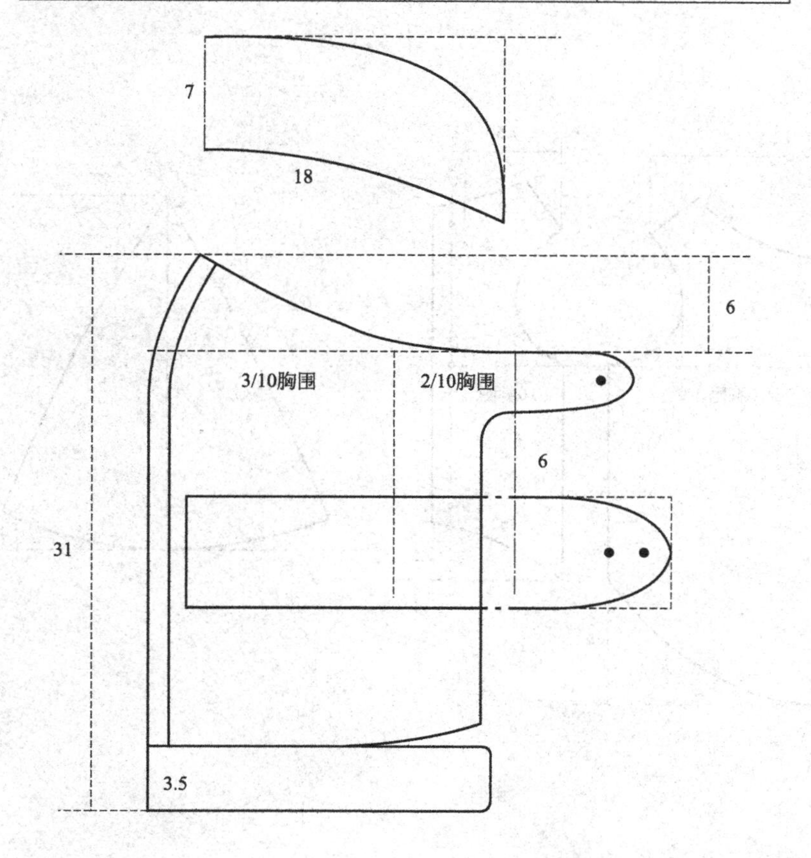

112. 休闲外套

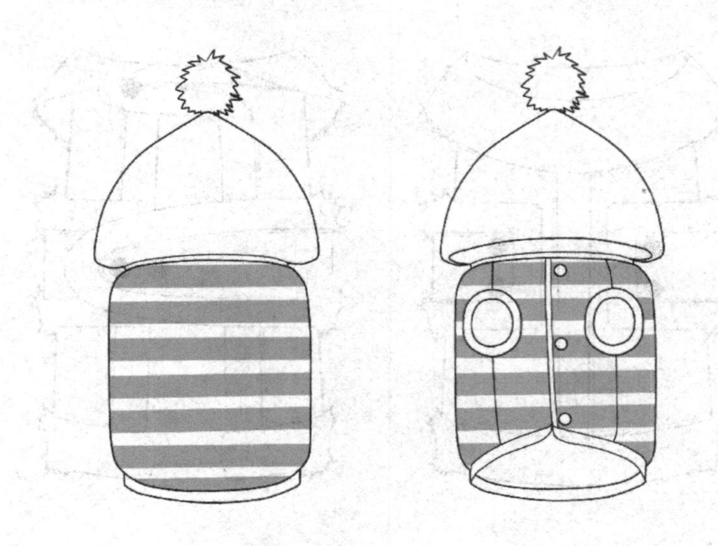

部位	身长	胸围	领围
尺寸	31	45	32

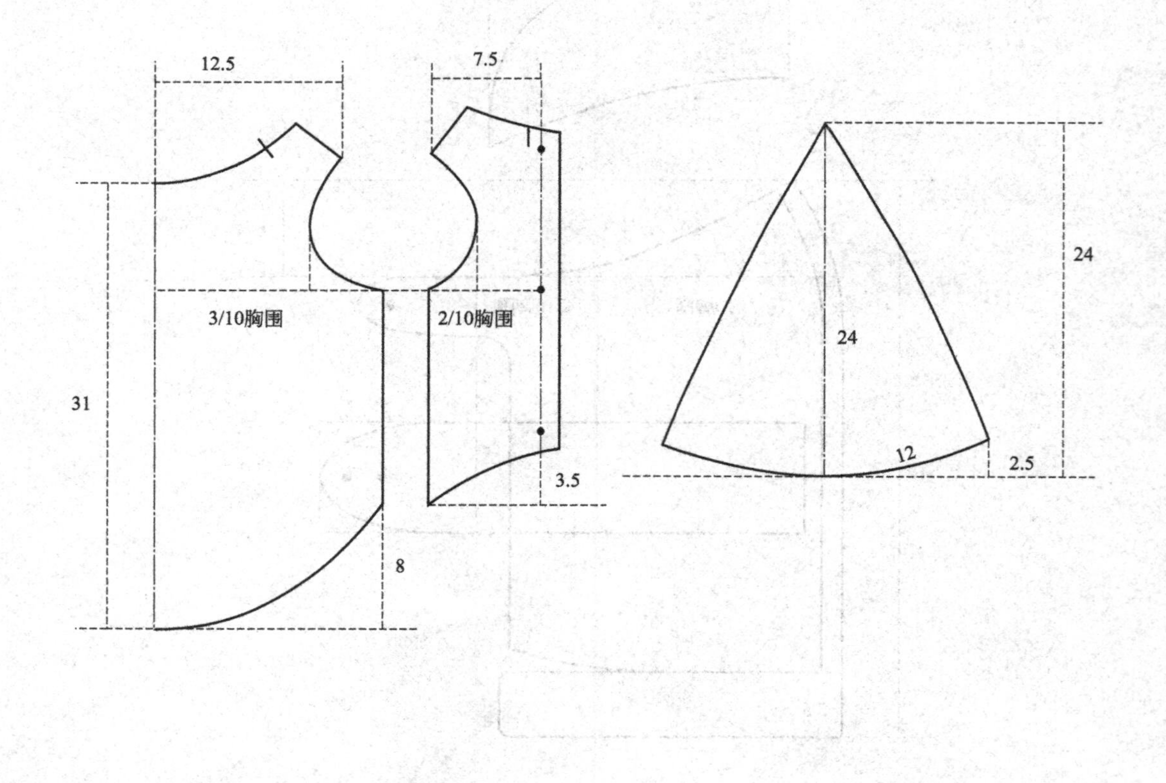

113. 外套A款

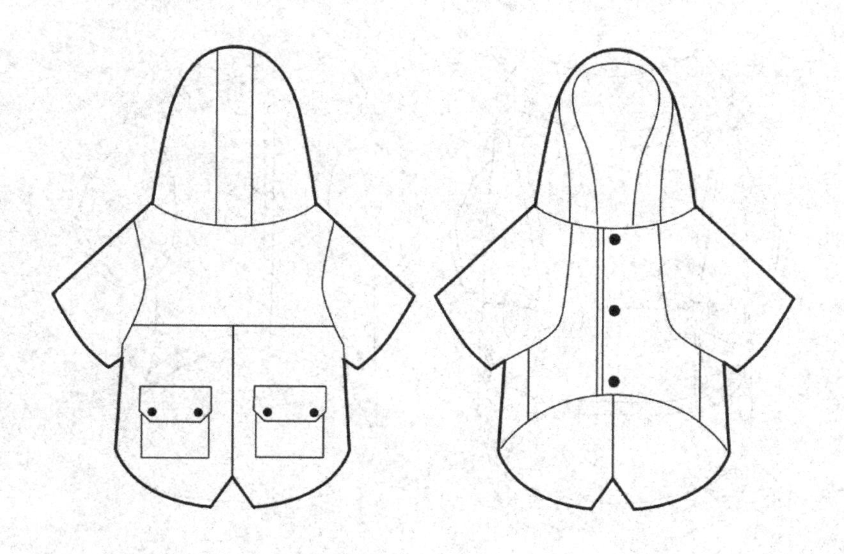

部位	身长	胸围	领围
尺寸	31	45	32

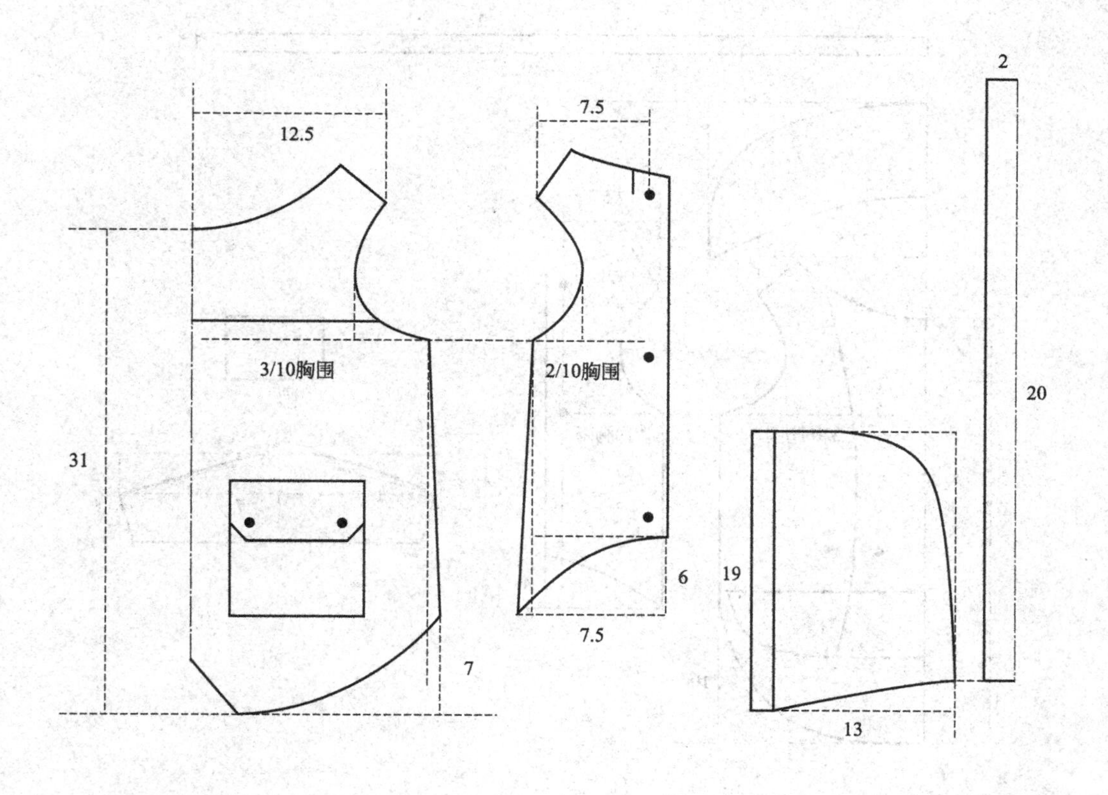

114. 外套 B 款

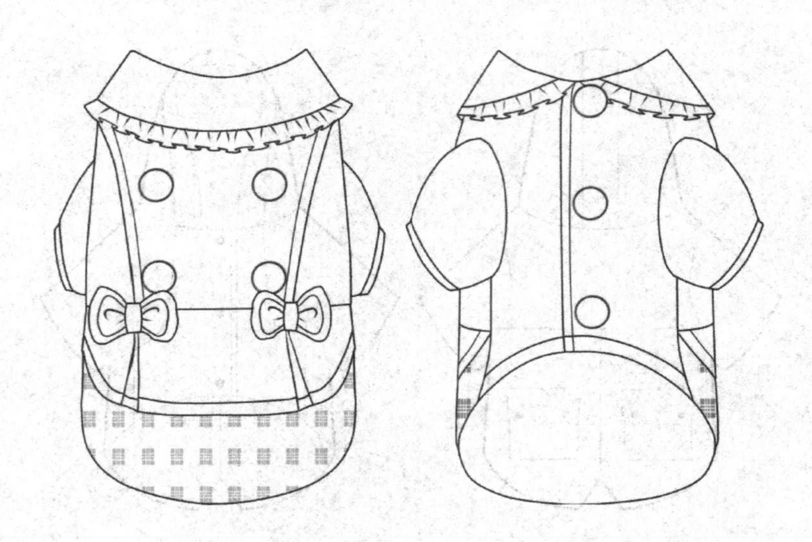

部位	身长	胸围	领围
尺寸	31	45	32

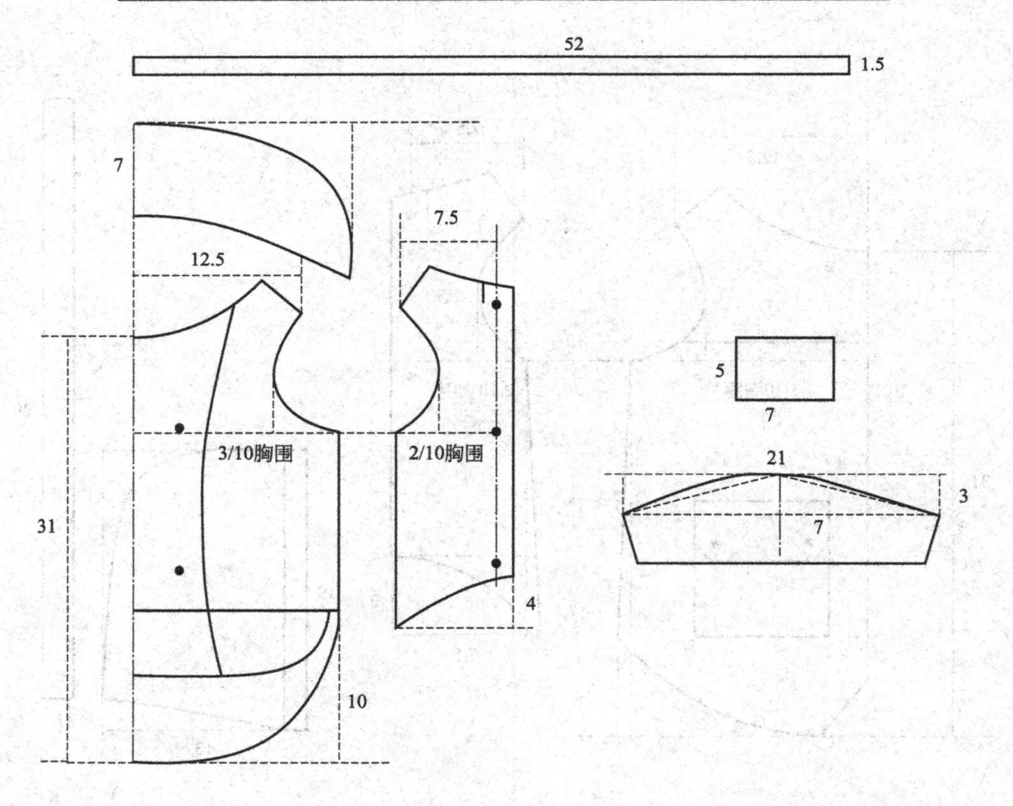

115. 冲锋衣

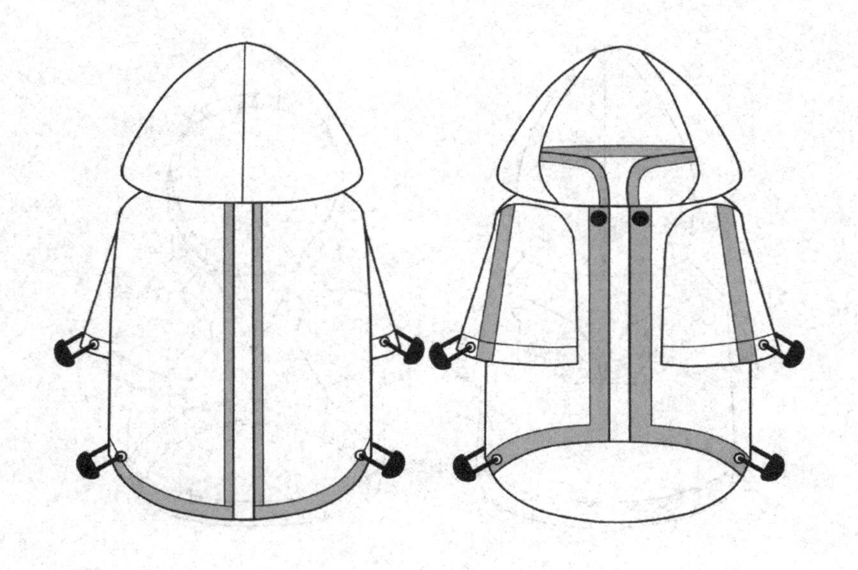

部位	身长	胸围	领围
尺寸	33	45	40

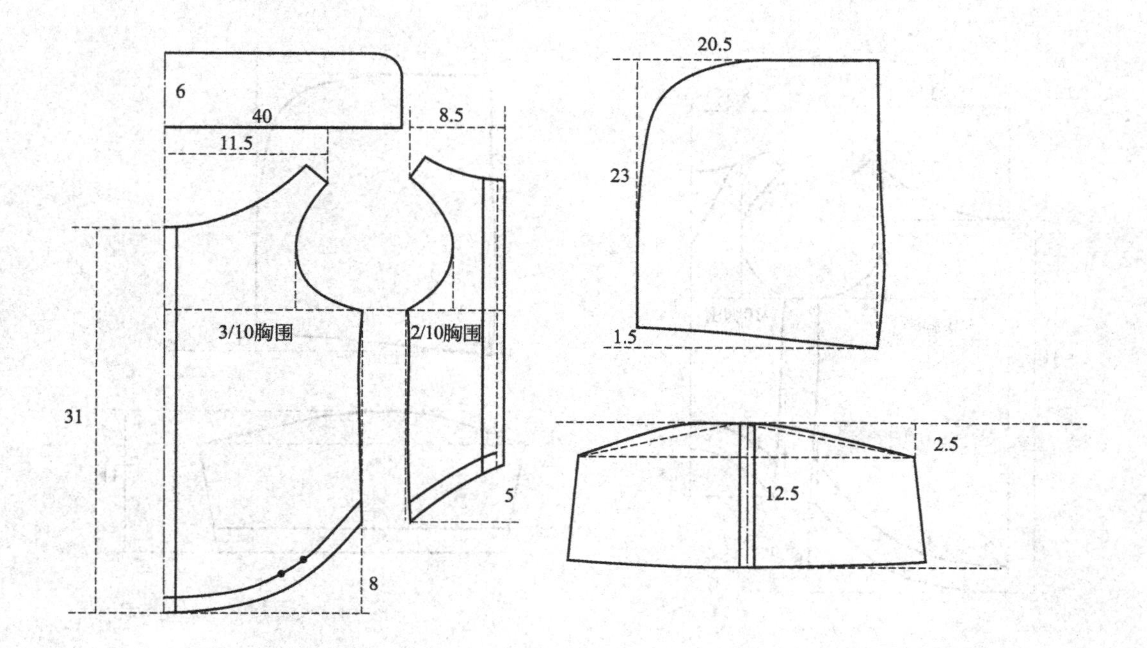

116. 天使翅膀卫衣

部位	身长	胸围	领围
尺寸	31	45	32

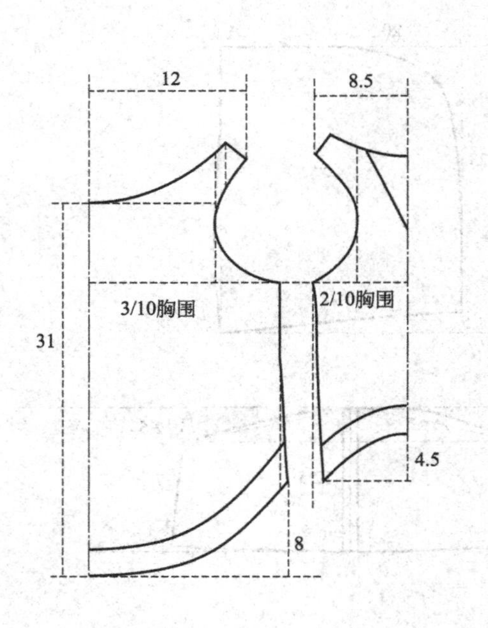

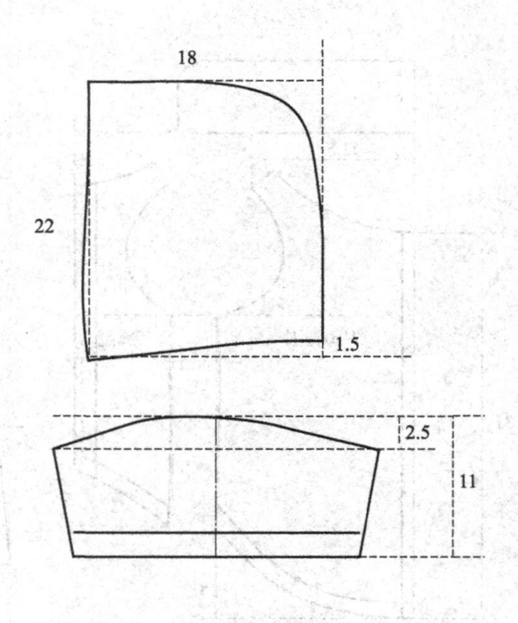

117. 卫衣 A 款

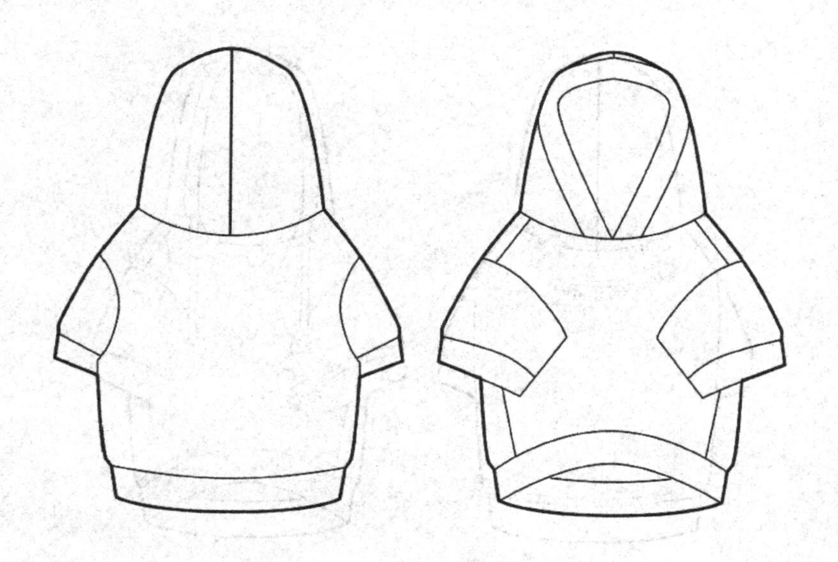

部位	身长	胸围	领围
尺寸	29	45	32

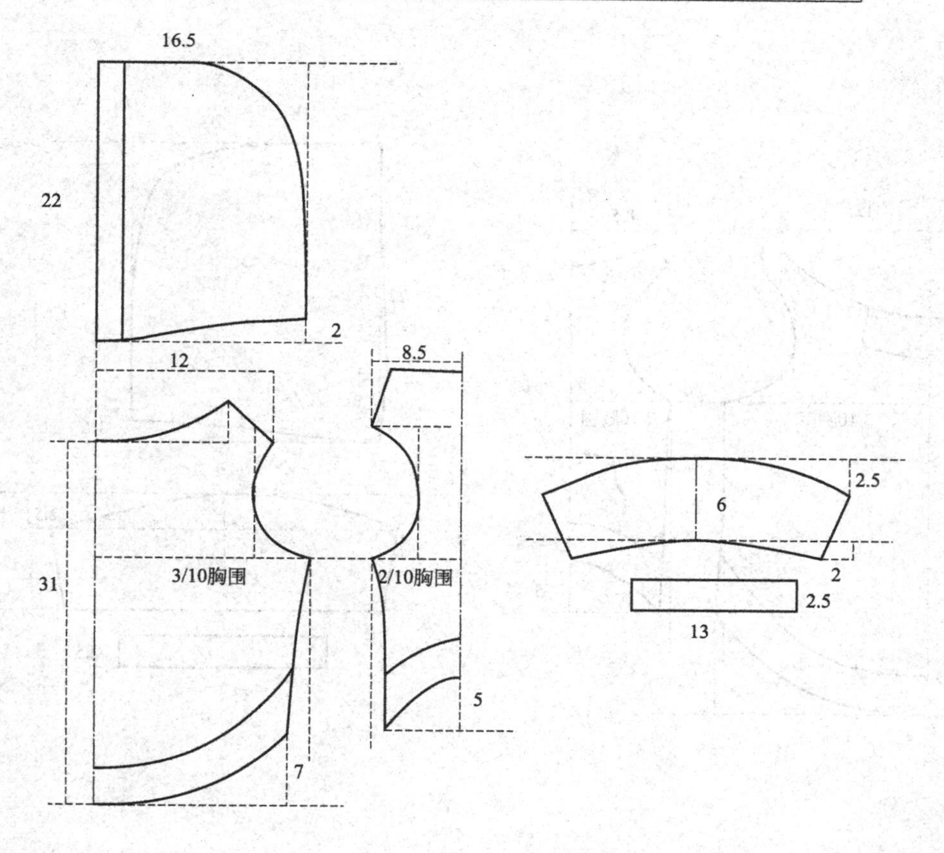

118. 卫衣 B 款

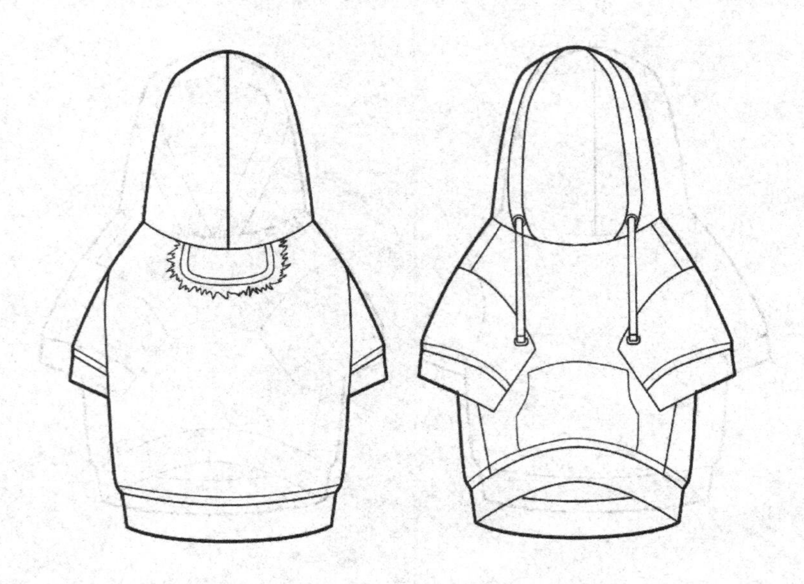

部位	身长	胸围	领围
尺寸	31	45	32

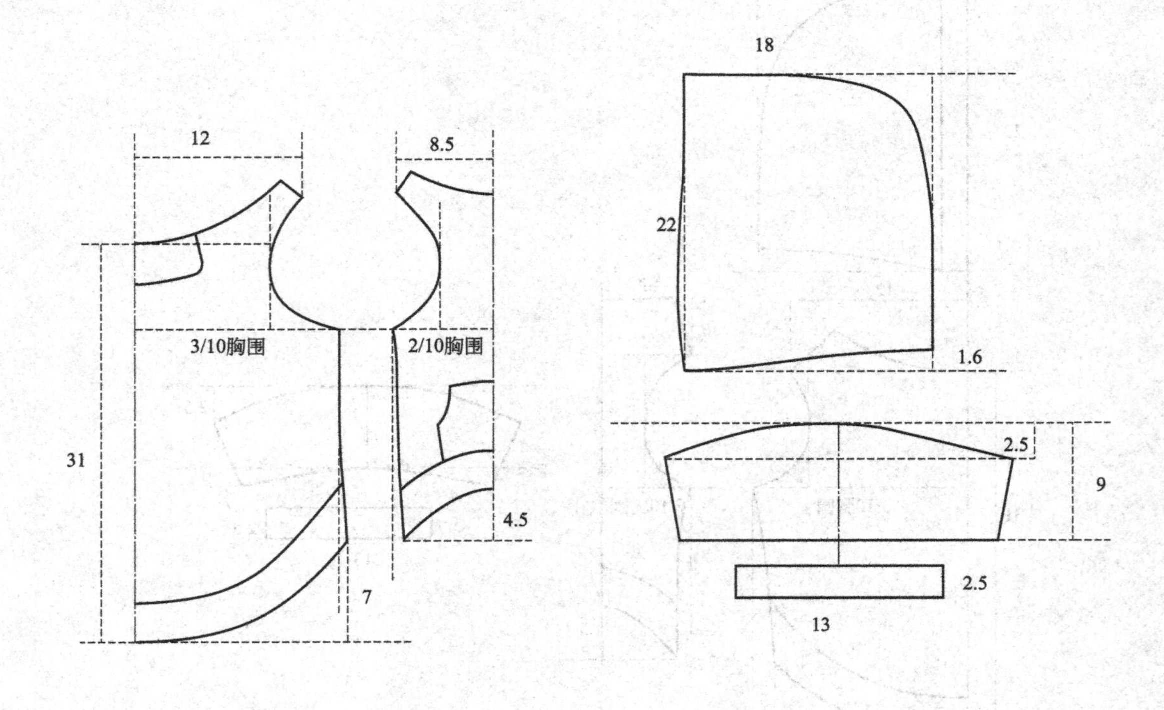

119. 卫衣 C 款

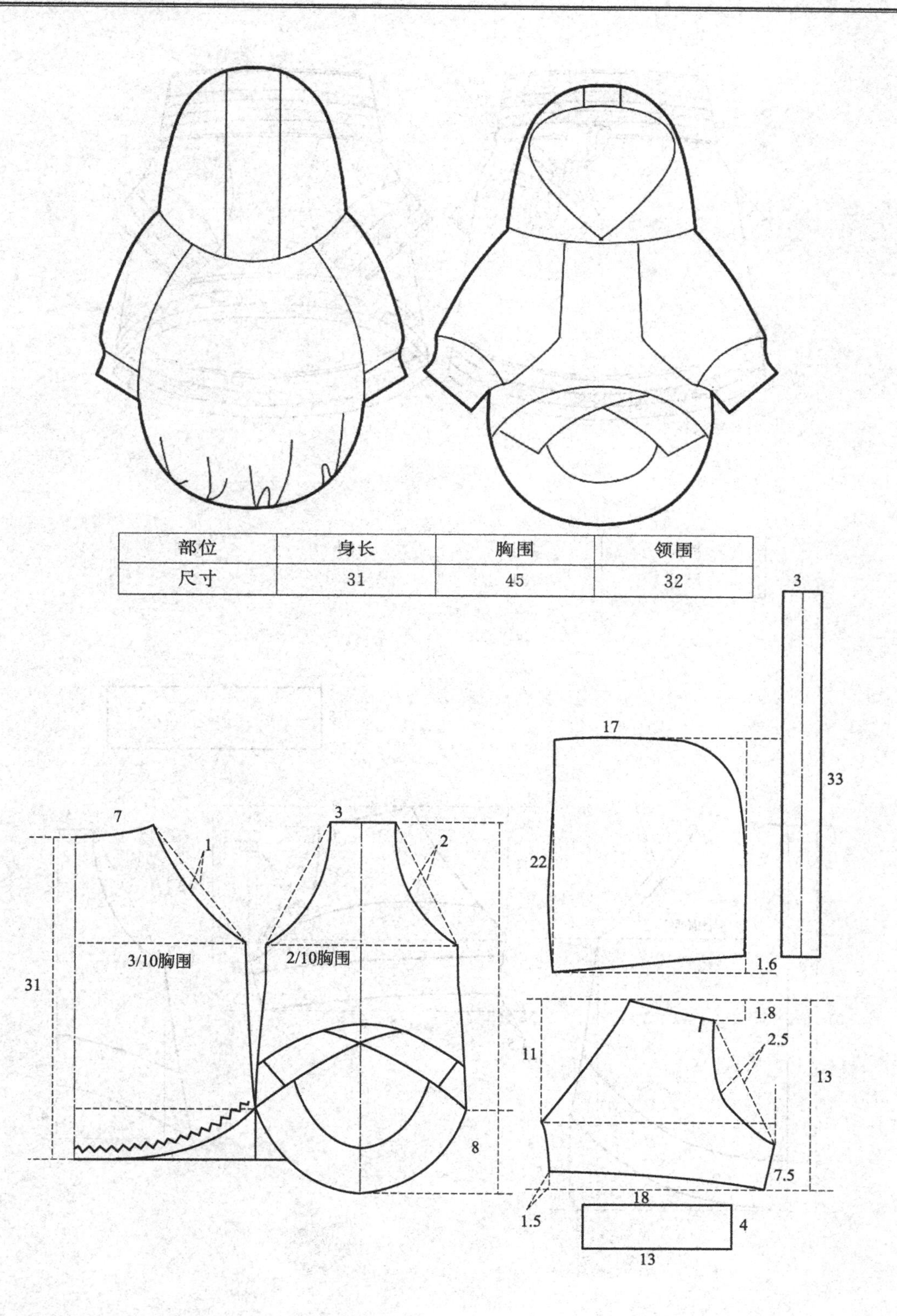

部位	身长	胸围	领围
尺寸	31	45	32

120. 毛衣

部位	身长	胸围	领围
尺寸	31	45	32

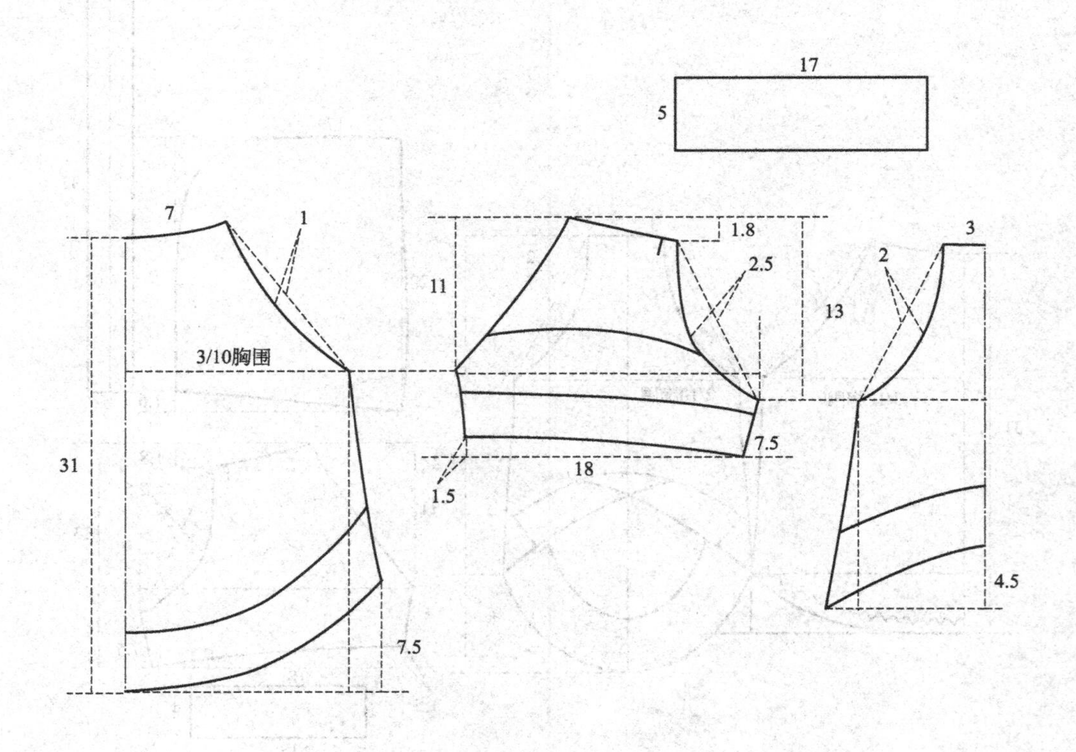

121. 斗篷

部位	身长	胸围	领围
尺寸	31	45	32

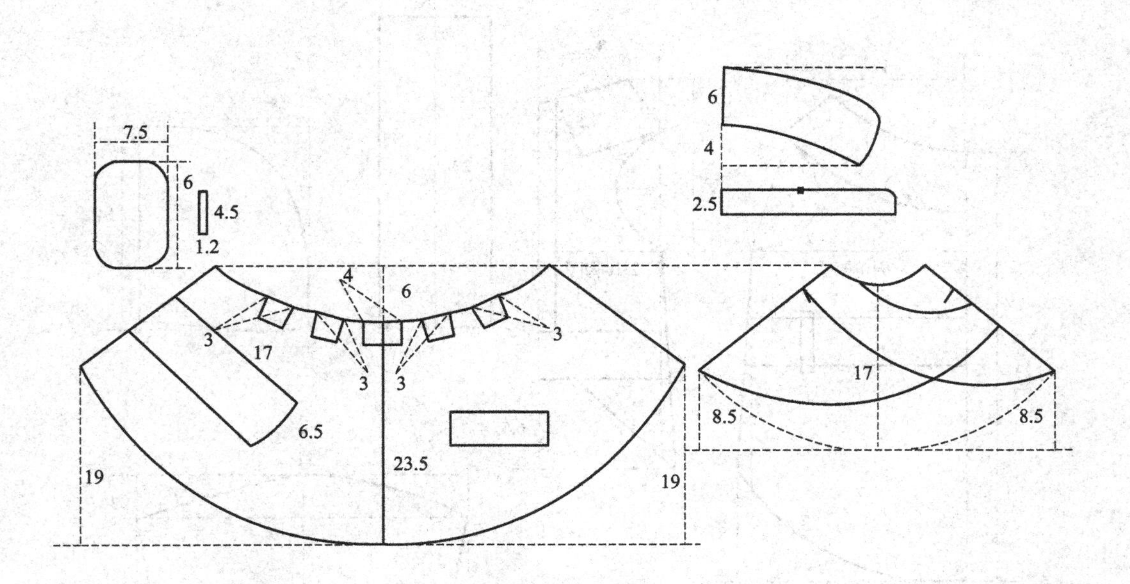

122. 风衣

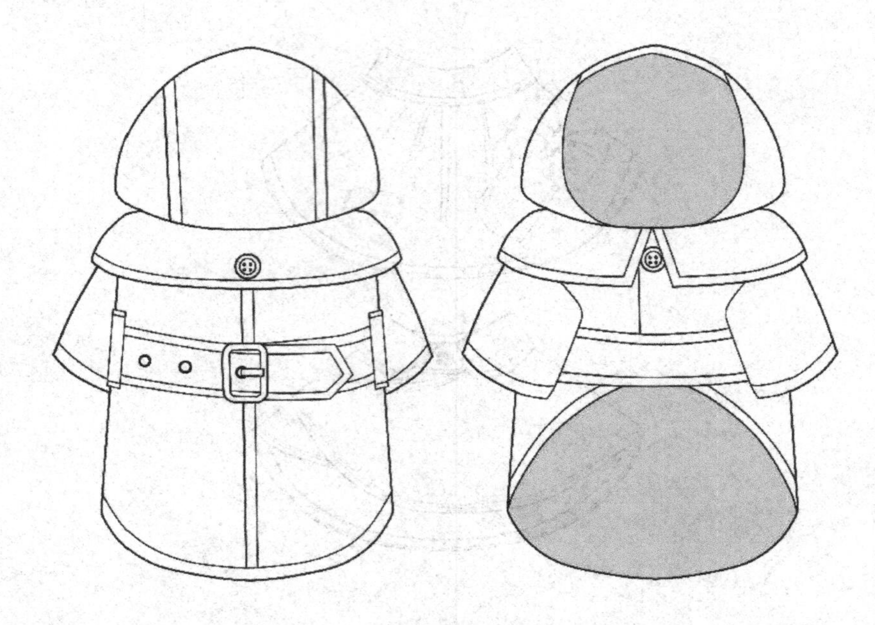

部位	身长	胸围	领围
尺寸	23	42	32

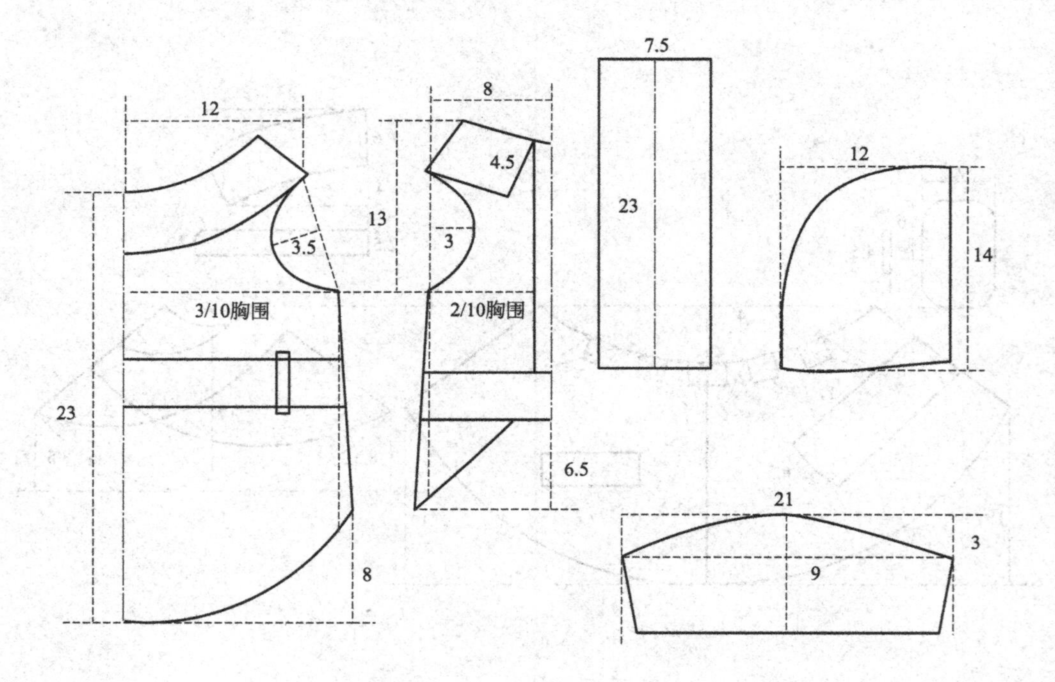

123. 雨衣 A 款

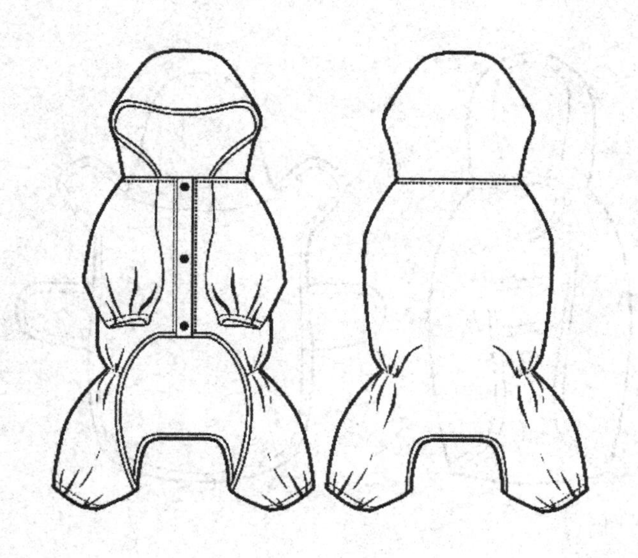

部位	身长	胸围	领围
尺寸	31	45	32

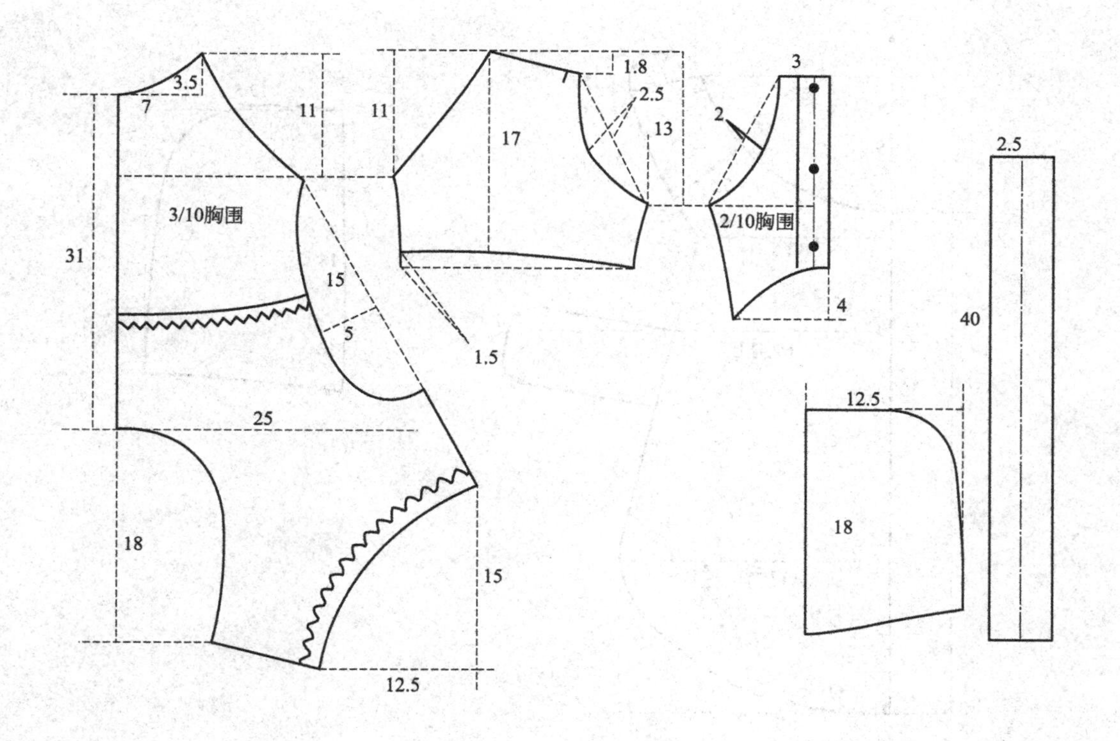

124. 雨衣 B 款

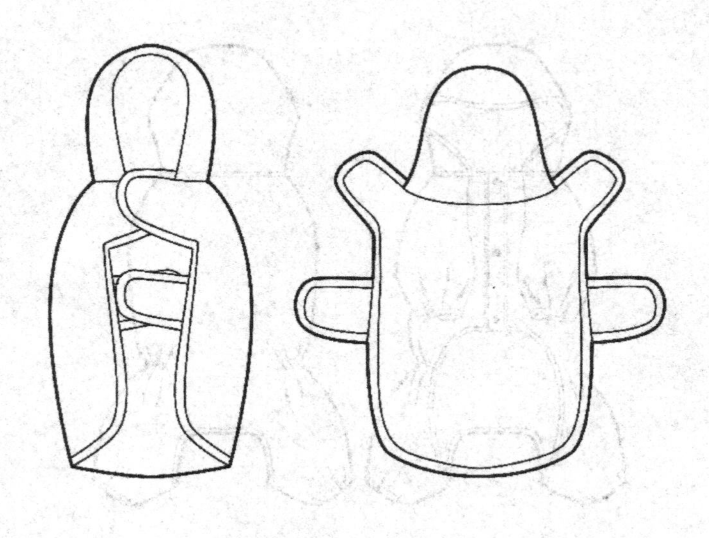

部位	身长	胸围	领围
尺寸	31	45	32

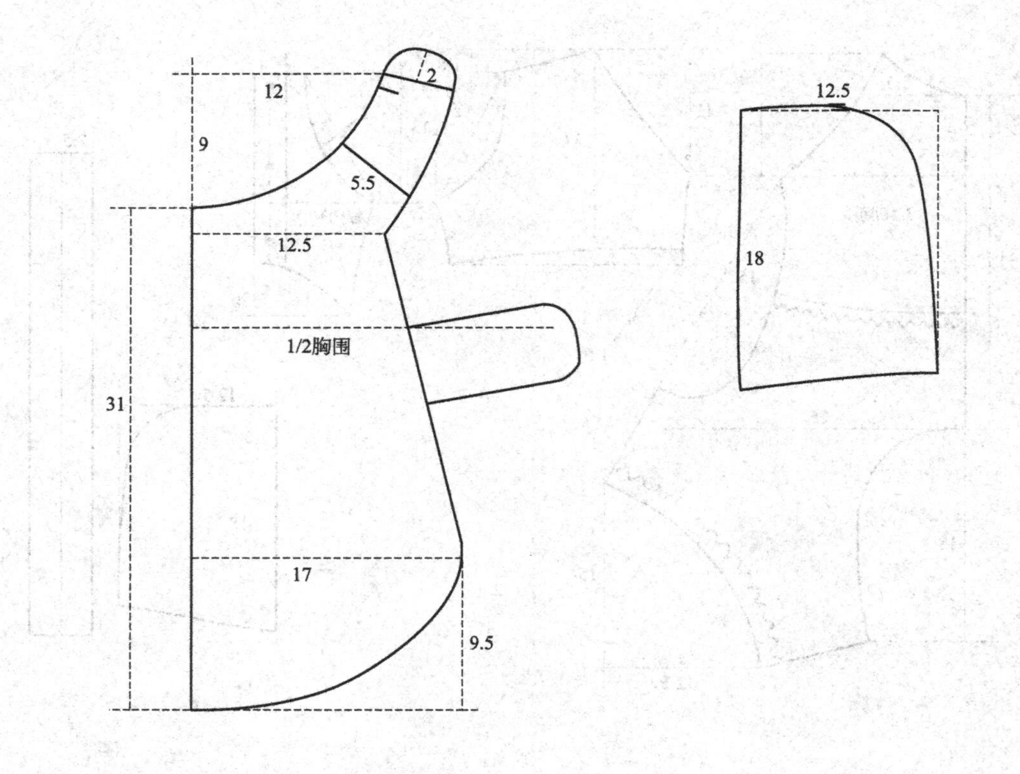

125. 连体雨衣

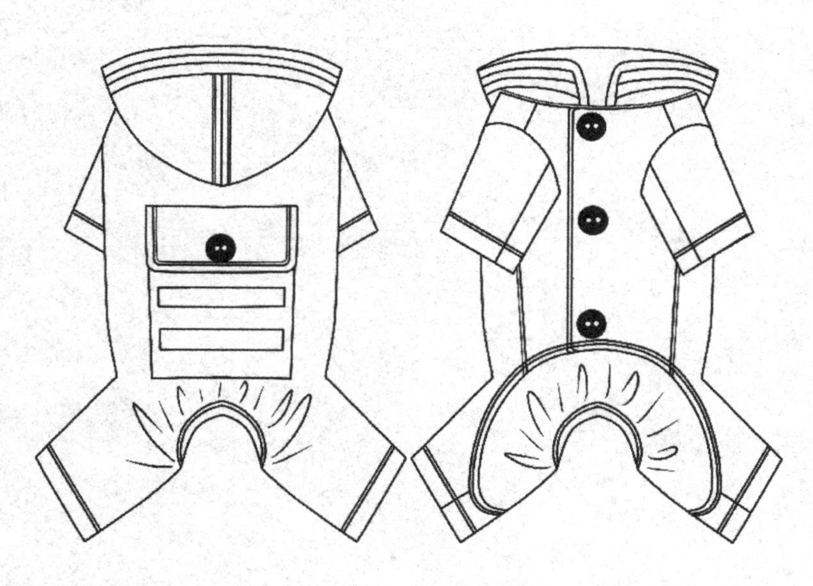

部位	身长	胸围	领围
尺寸	31	45	32

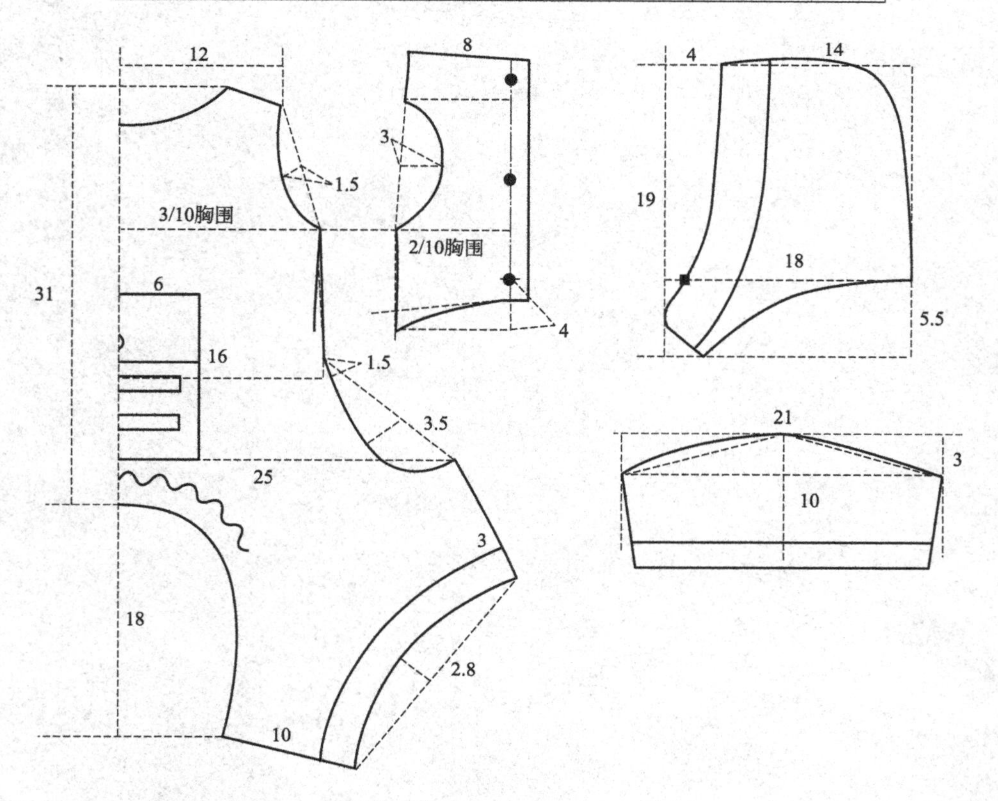

第六章 节日服饰、另类服装

126. 长款棒球服
127. 棒球服
128. 可爱韩服
129. 日式水手服
130. 牵引带
131. 女仆装
132. 西装
133. 假两件西服
134. 休闲服
135. 骷髅头夹克
136. 皮夹克
137. 圣诞服 A 款
138. 圣诞服 B 款
139. 新年服饰 A 款
140. 新年服饰 B 款

126. 长款棒球服

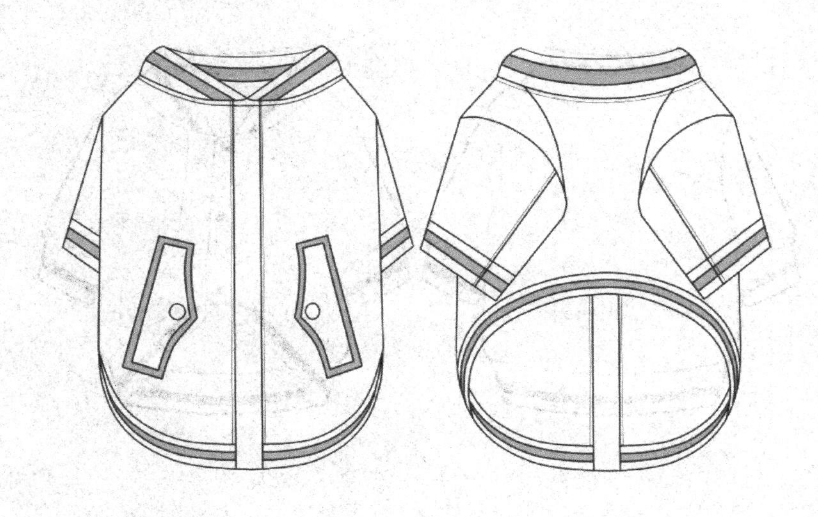

部位	身长	胸围	领围
尺寸	31	45	32

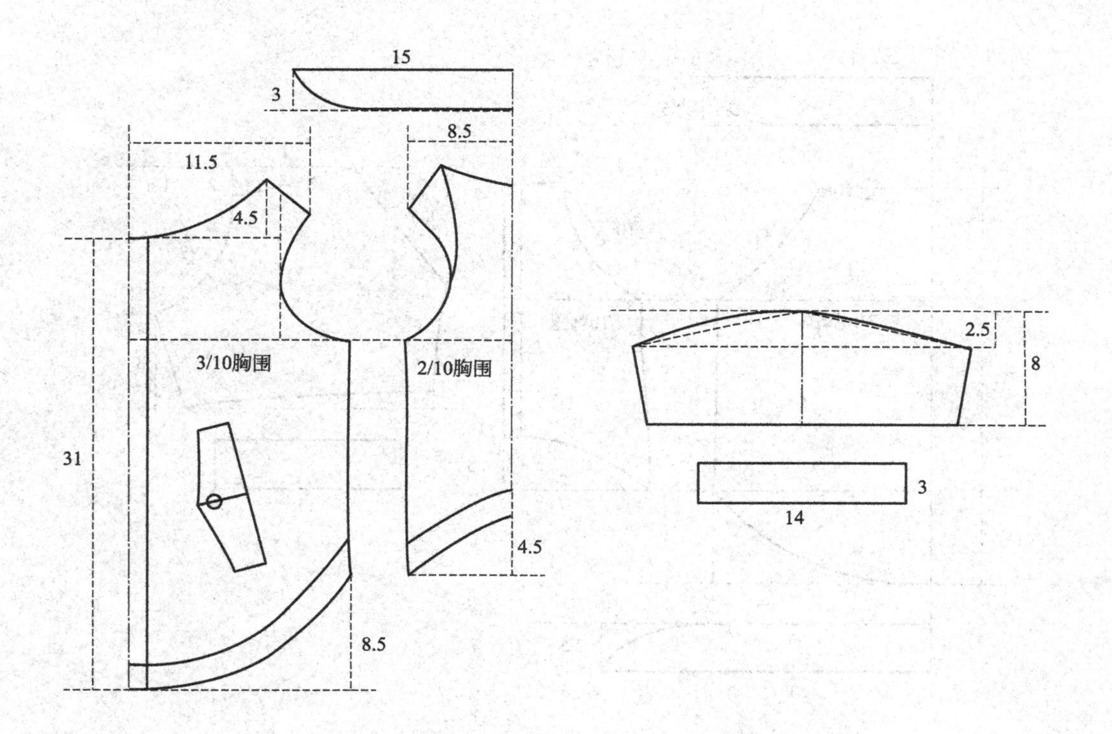

127. 棒球服

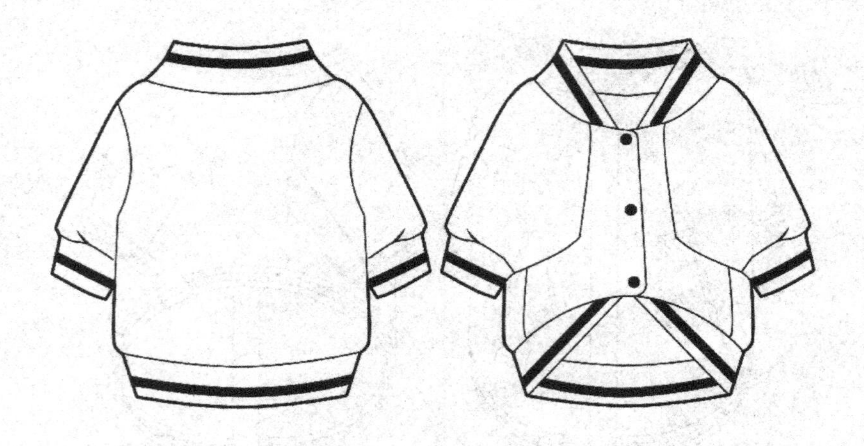

部位	身长	胸围	领围
尺寸	31	45	32

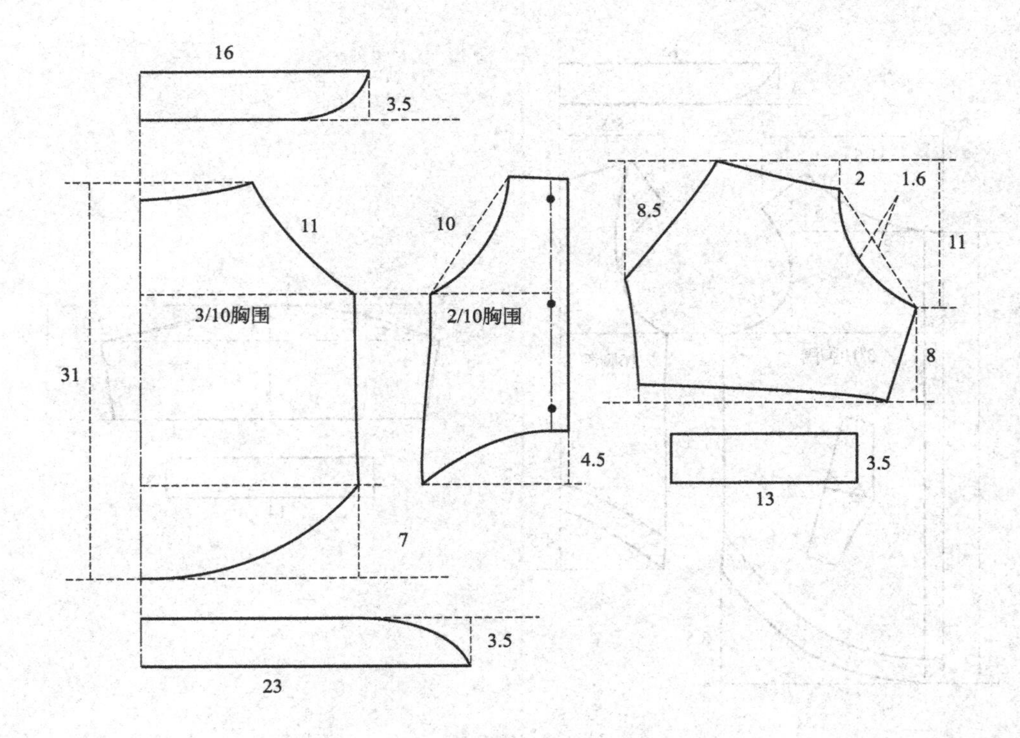

128. 可爱韩服

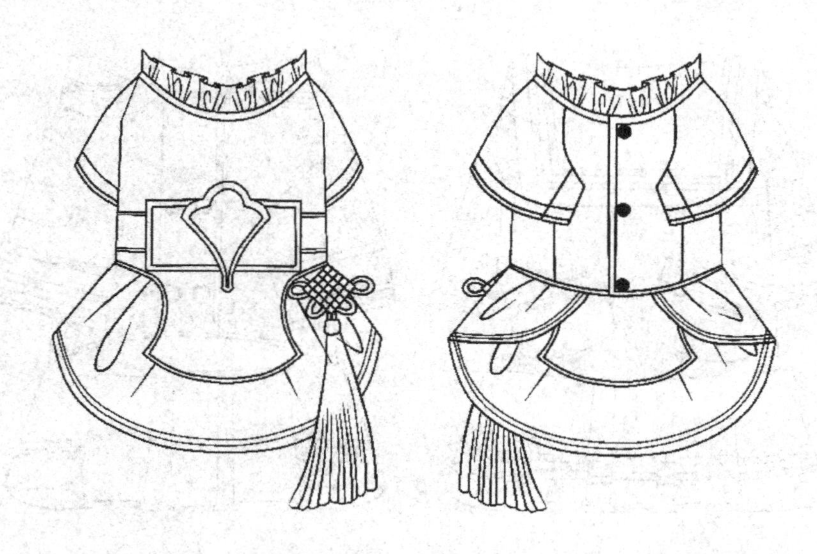

部位	身长	胸围	领围
尺寸	31	45	32

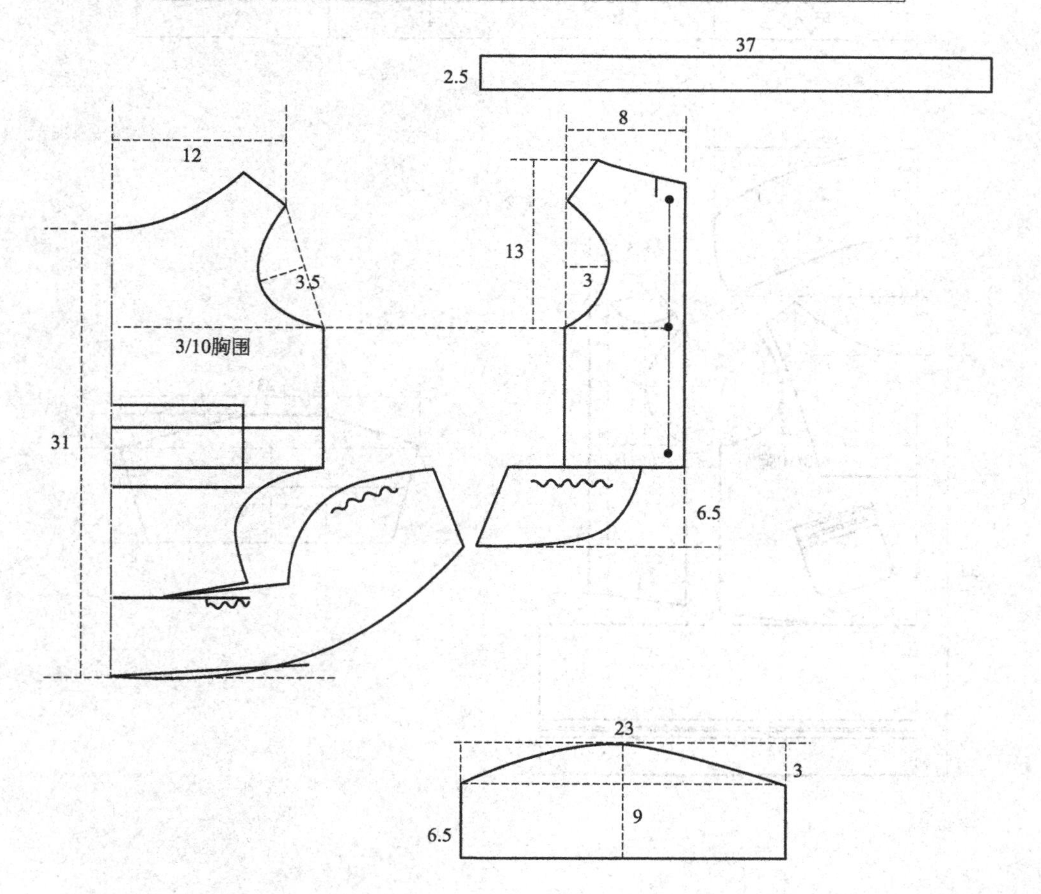

129. 日式水手服

部位	身长	胸围	领围
尺寸	32	45	32

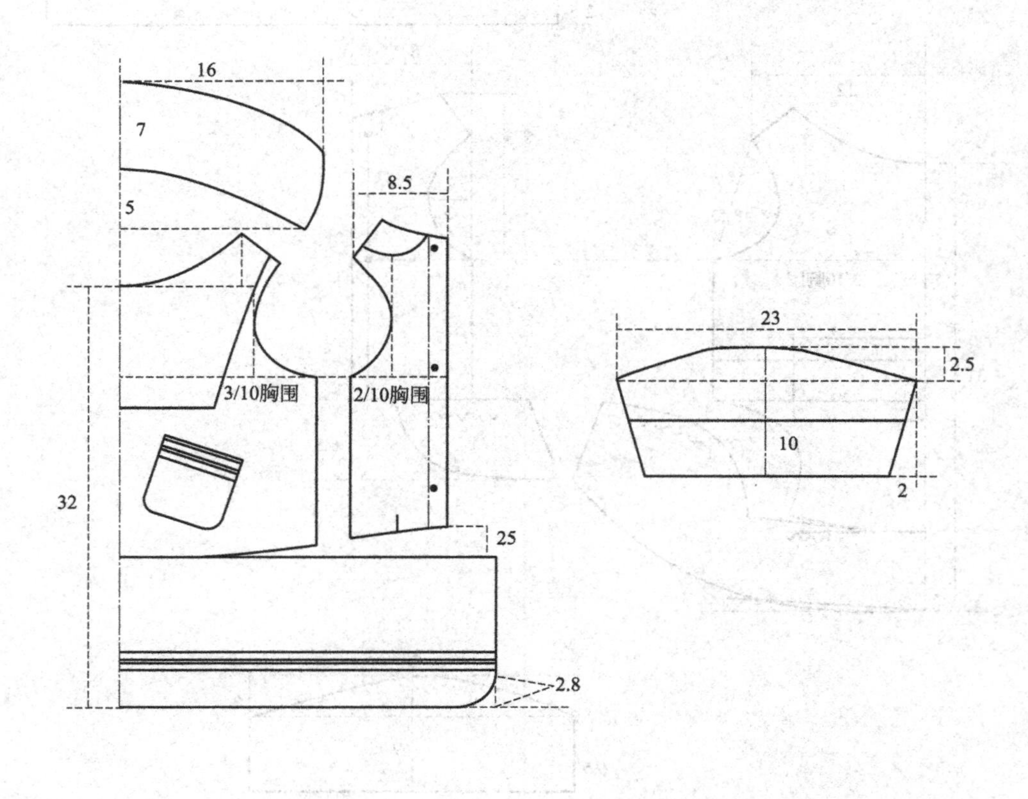

130. 牵引带

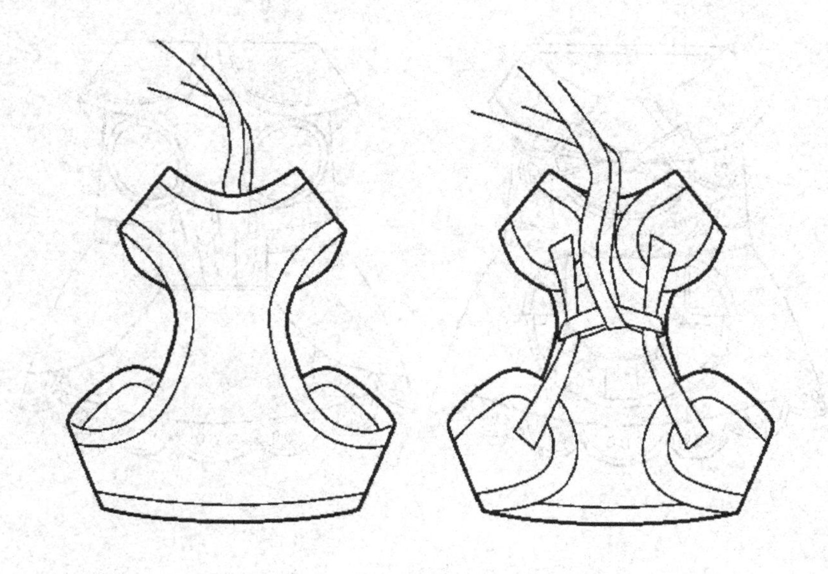

部位	身长	胸围	领围
尺寸	19.5	45	32

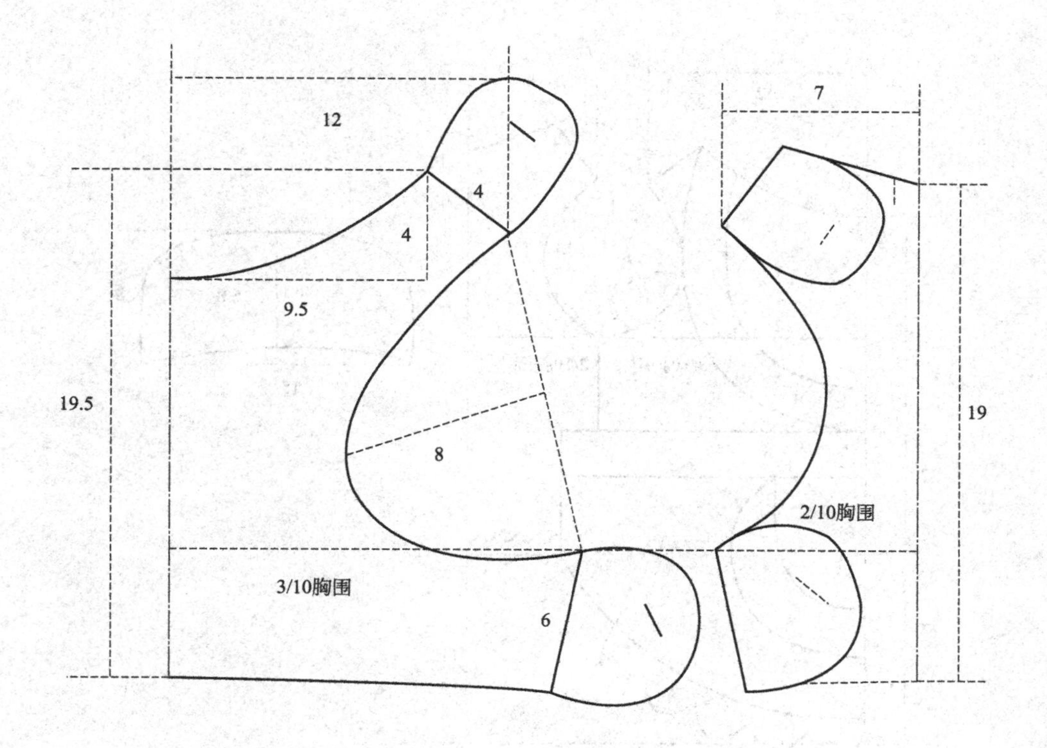

131. 女仆装

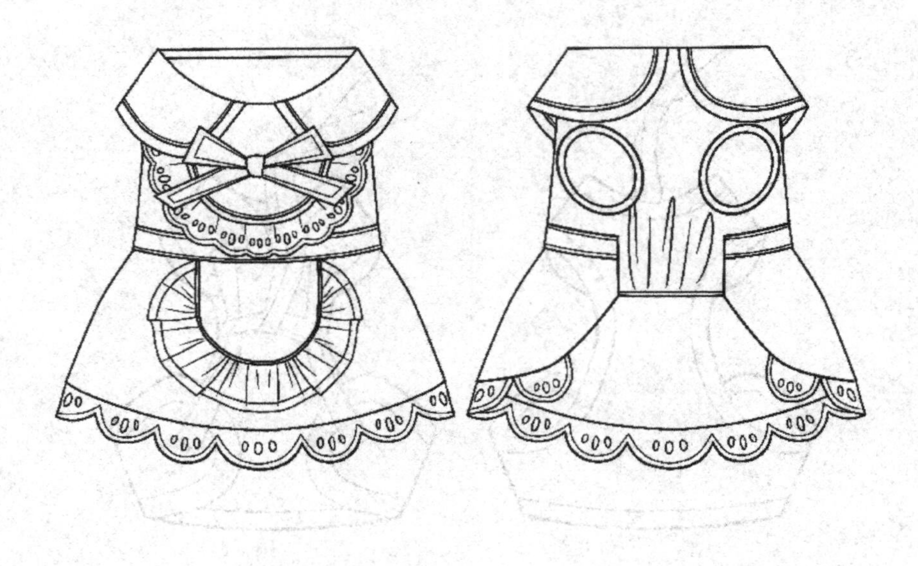

部位	身长	胸围	领围
尺寸	32	45	32

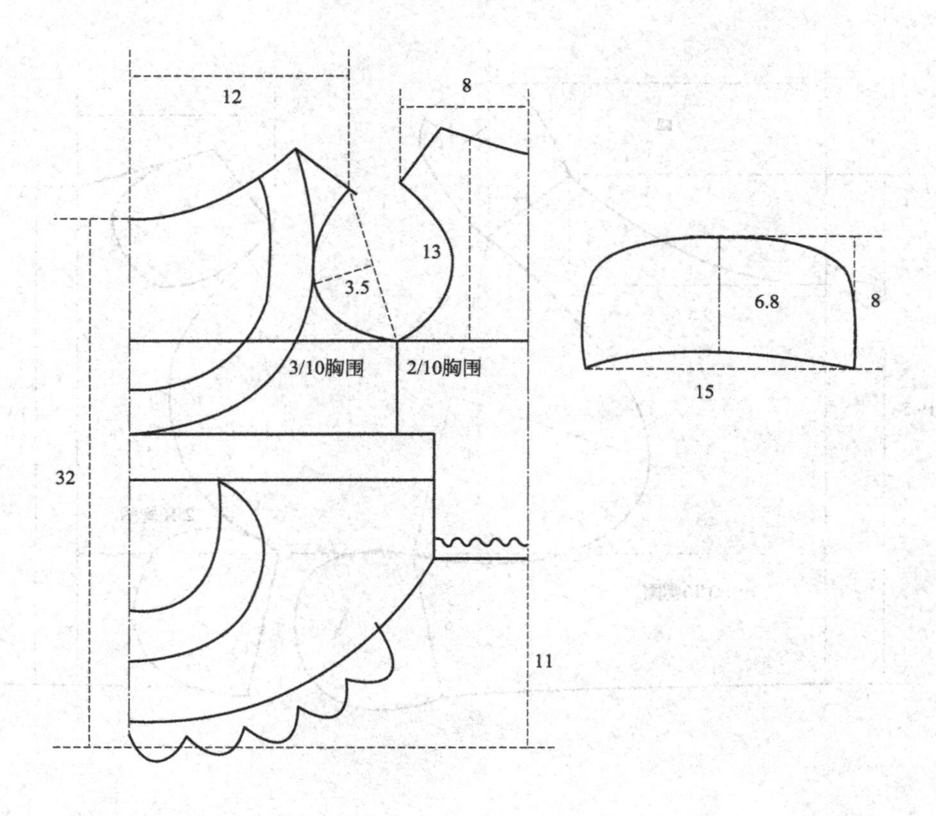

132. 西装

部位	身长	胸围	领围
尺寸	34	45	32

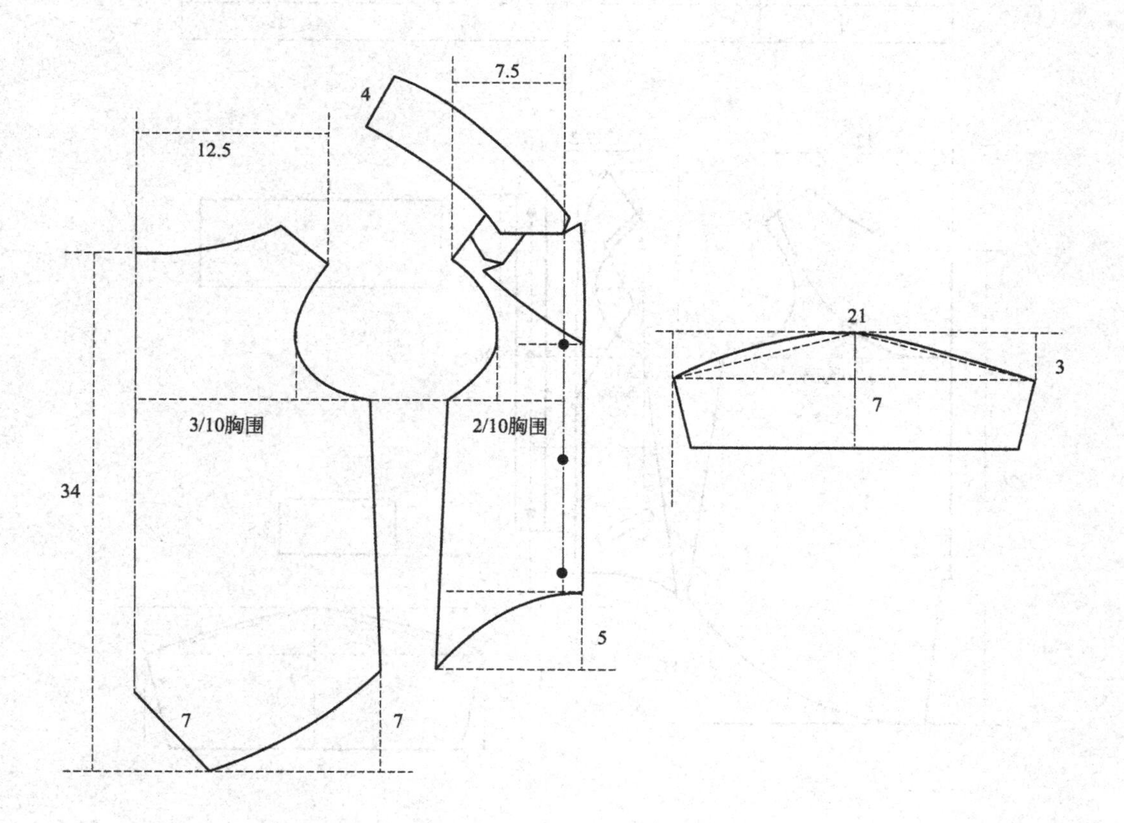

133. 假两件西服

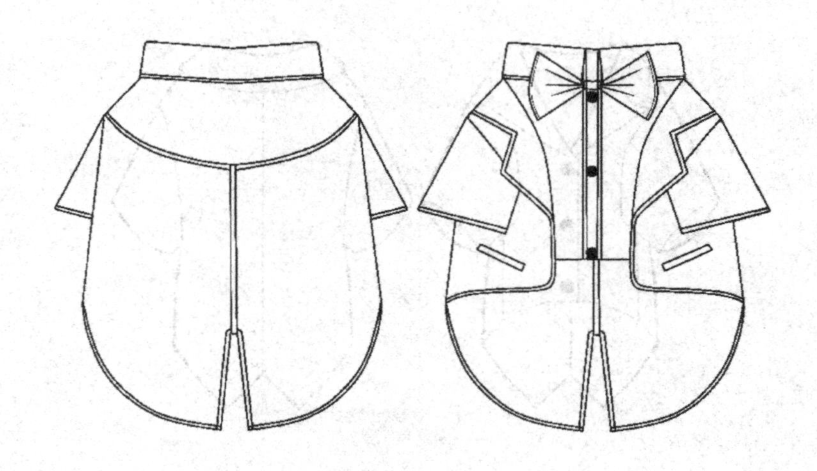

部位	身长	胸围	领围
尺寸	26	45	32

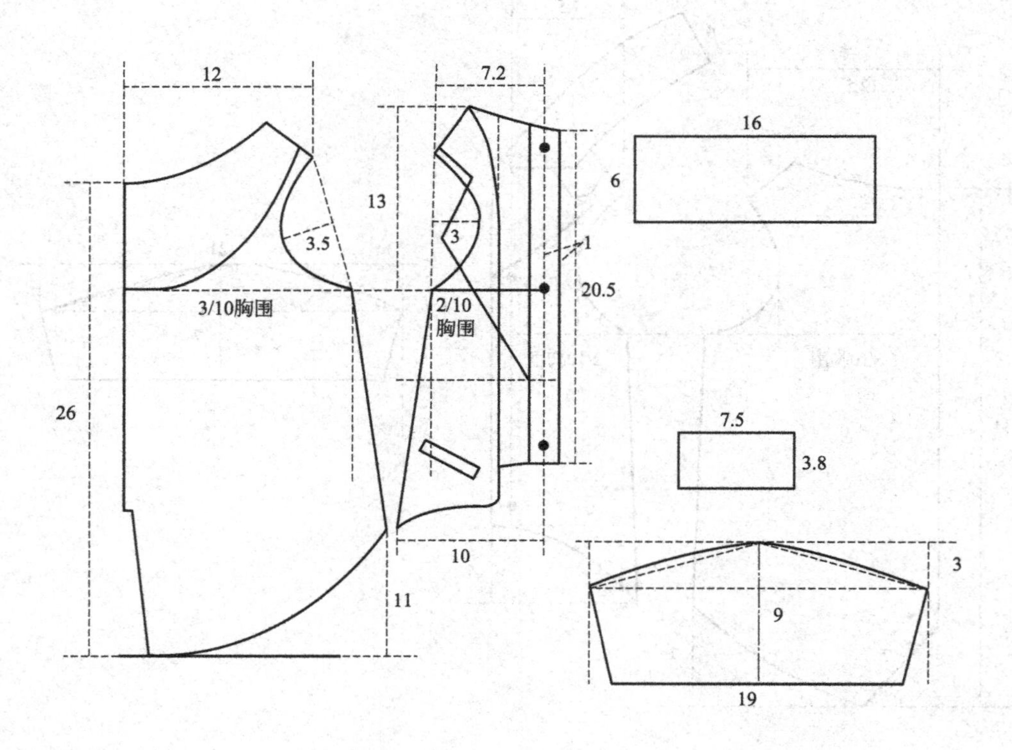

134. 休闲服

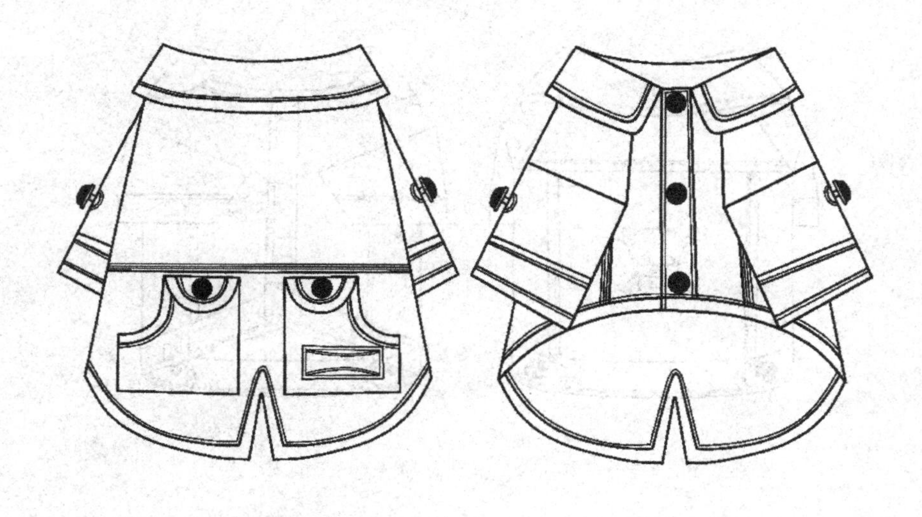

部位	身长	胸围	领围
尺寸	31	45	32

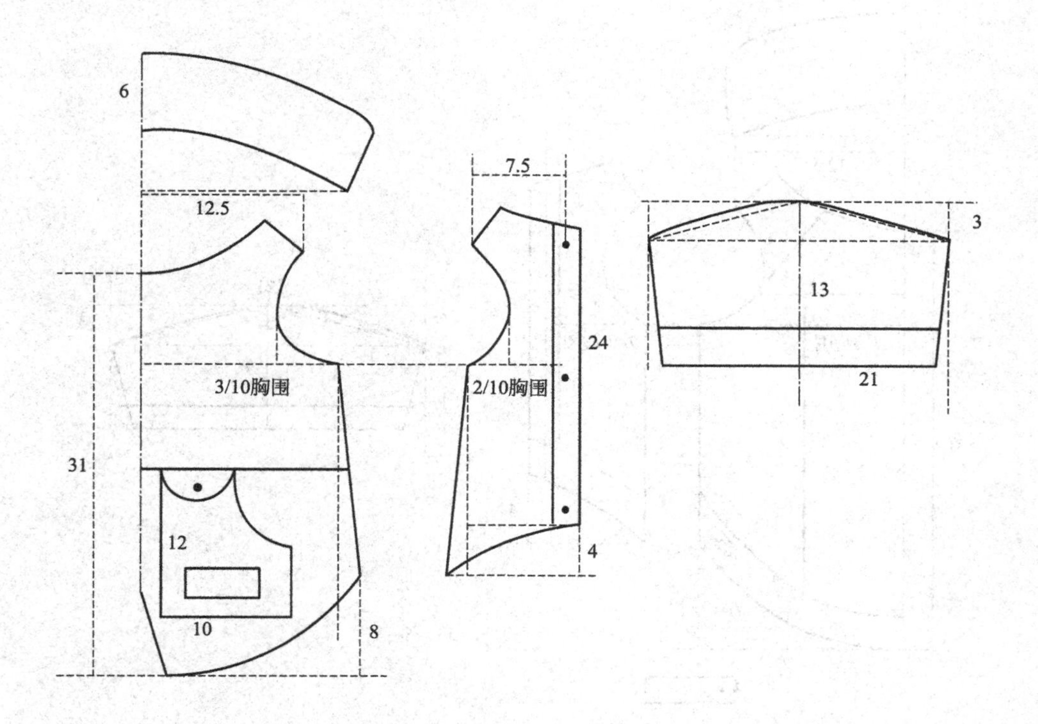

135. 骷髅头夹克

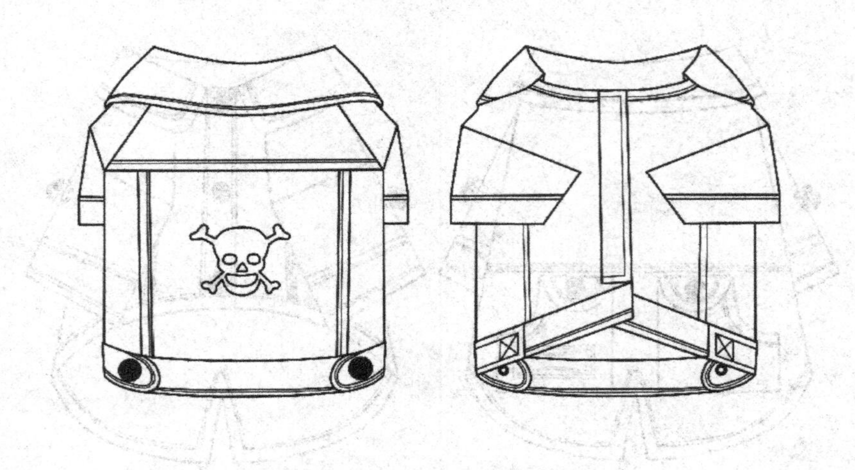

部位	身长	胸围	领围
尺寸	31	45	32

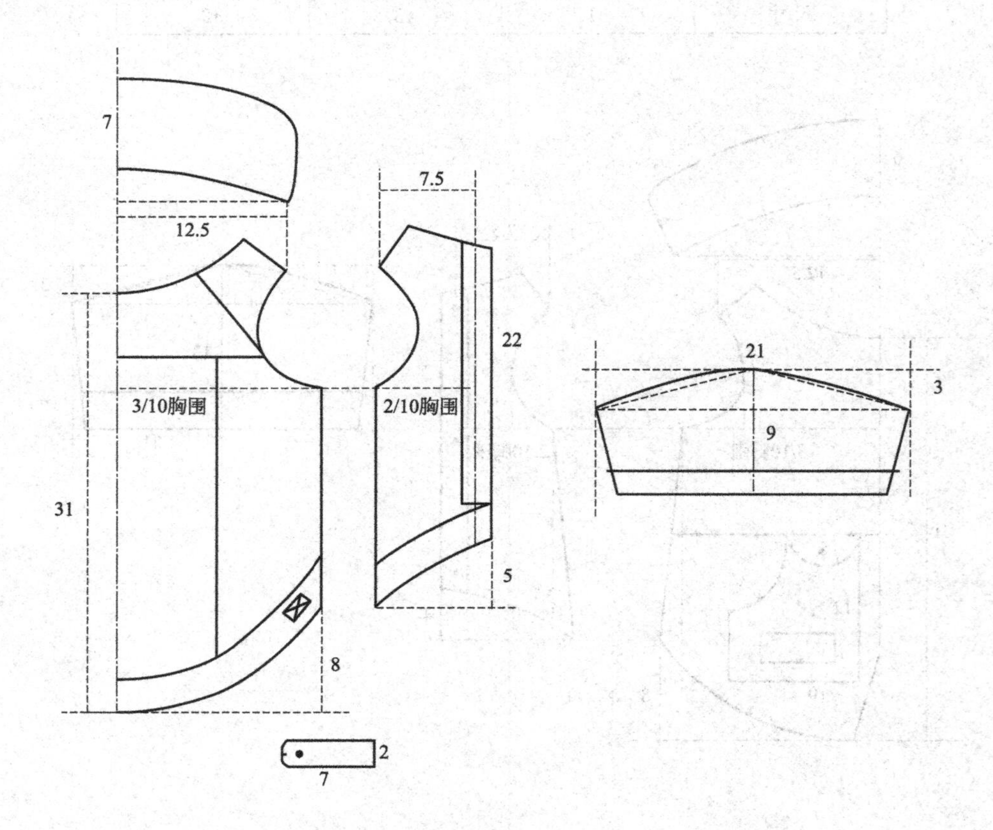

136. 皮夹克

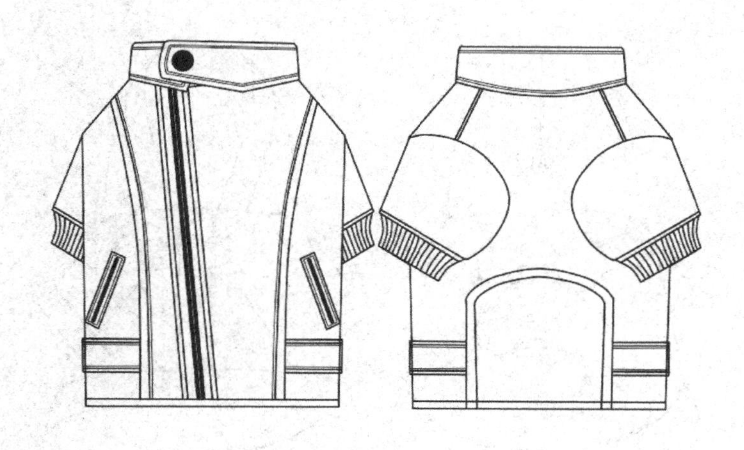

部位	身长	胸围	领围
尺寸	31	45	32

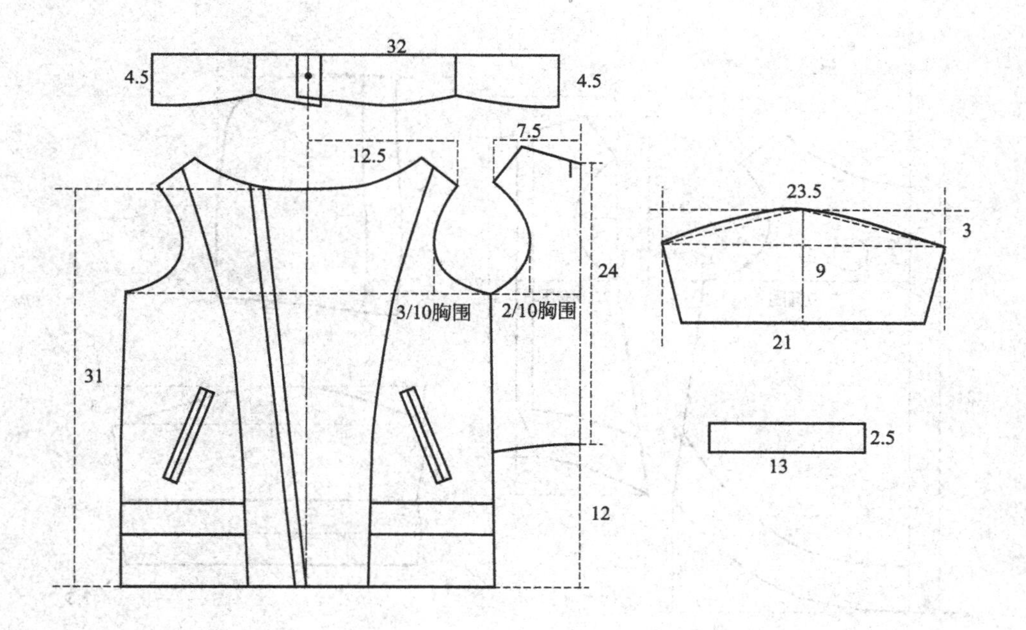

137. 圣诞服 A 款

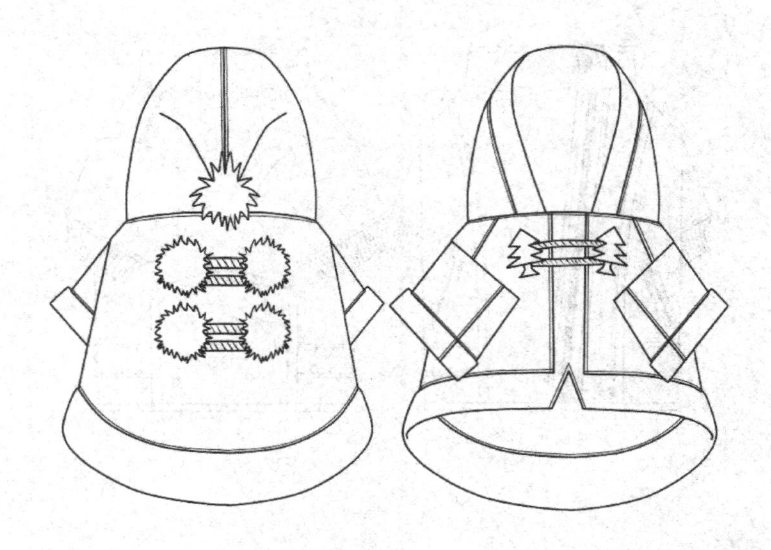

部位	身长	胸围	领围
尺寸	31	45	32

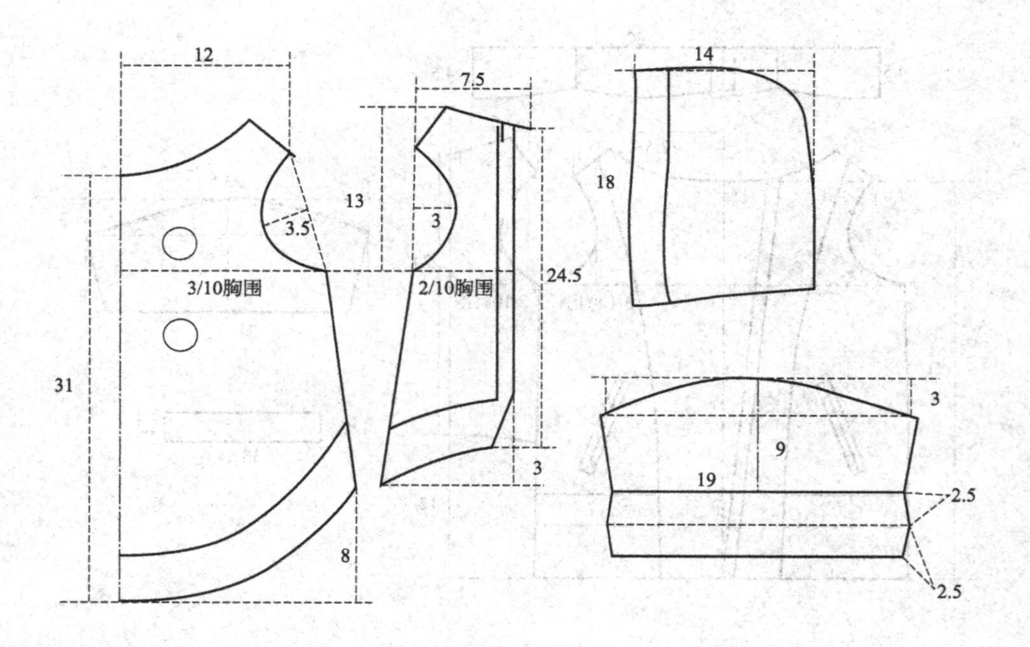

138. 圣诞服 B 款

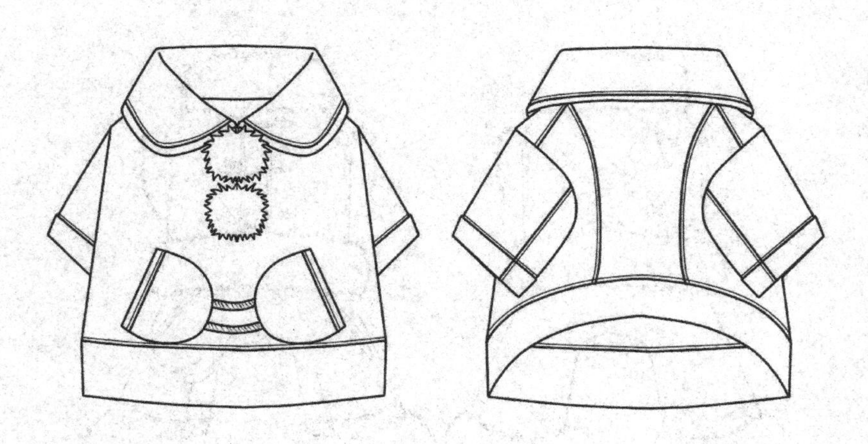

部位	身长	胸围	领围
尺寸	31	45	32

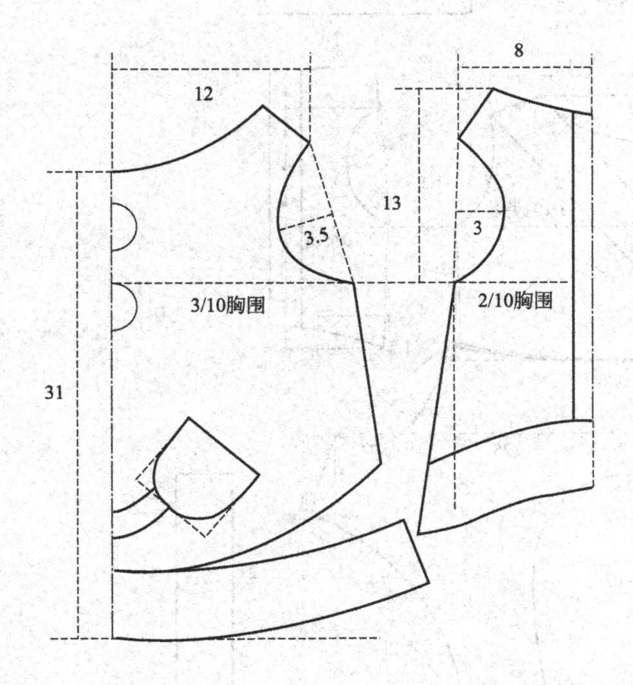

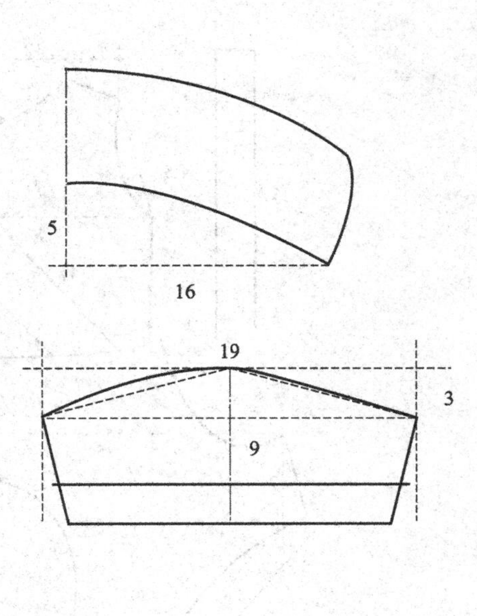

139. 新年服饰 A 款

部位	身长	胸围	领围
尺寸	31	45	32

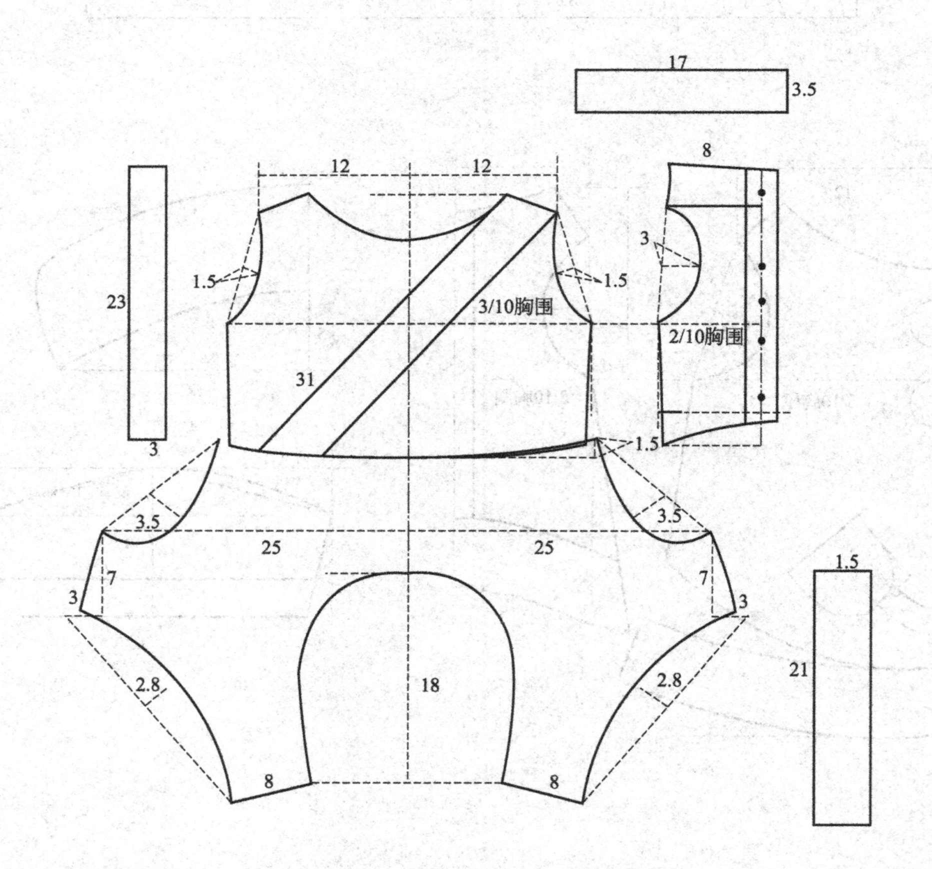

140. 新年服饰 B 款

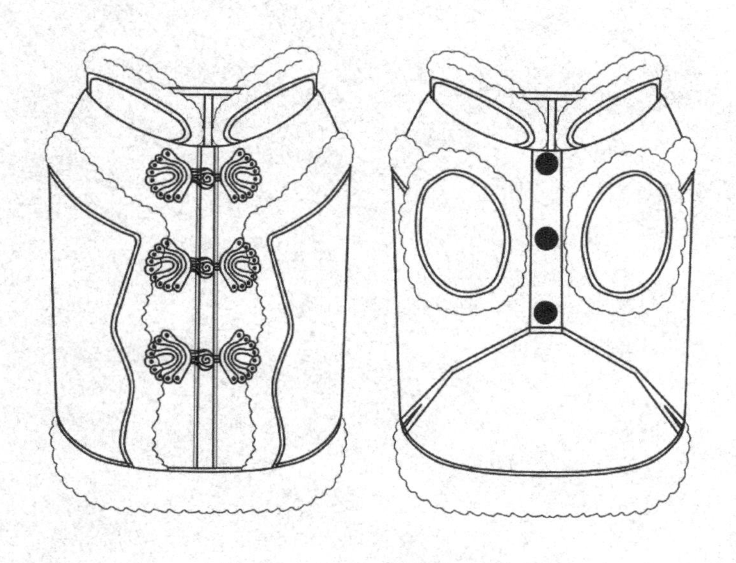

部位	身长	胸围	领围
尺寸	31	45	32

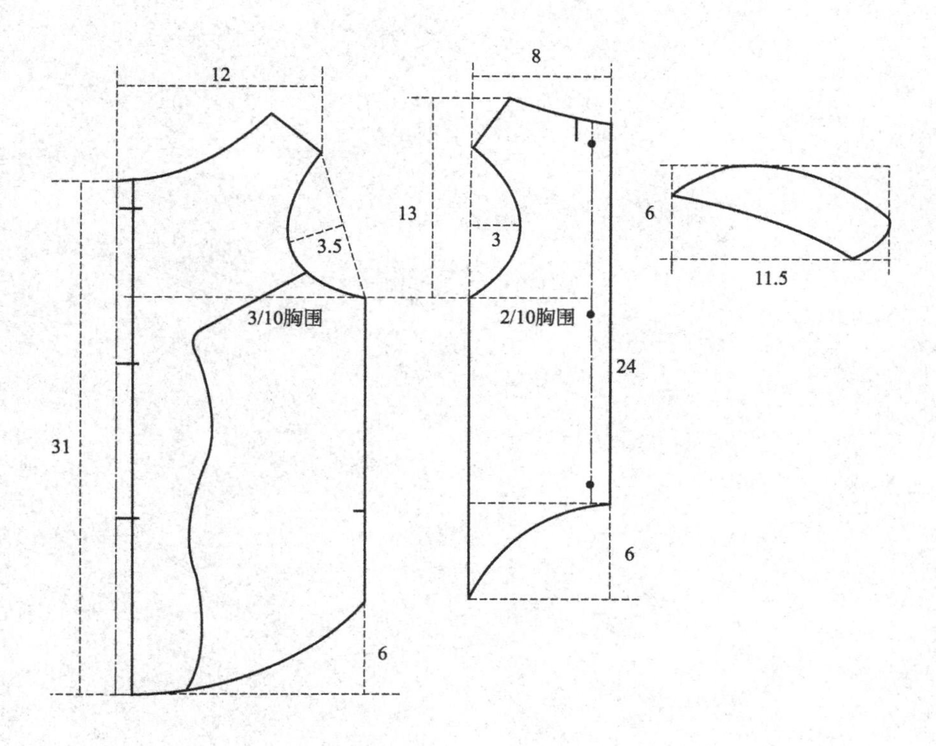